Abbas Kiarostami

Stille und bewegte Bilder

Images, Still and Moving

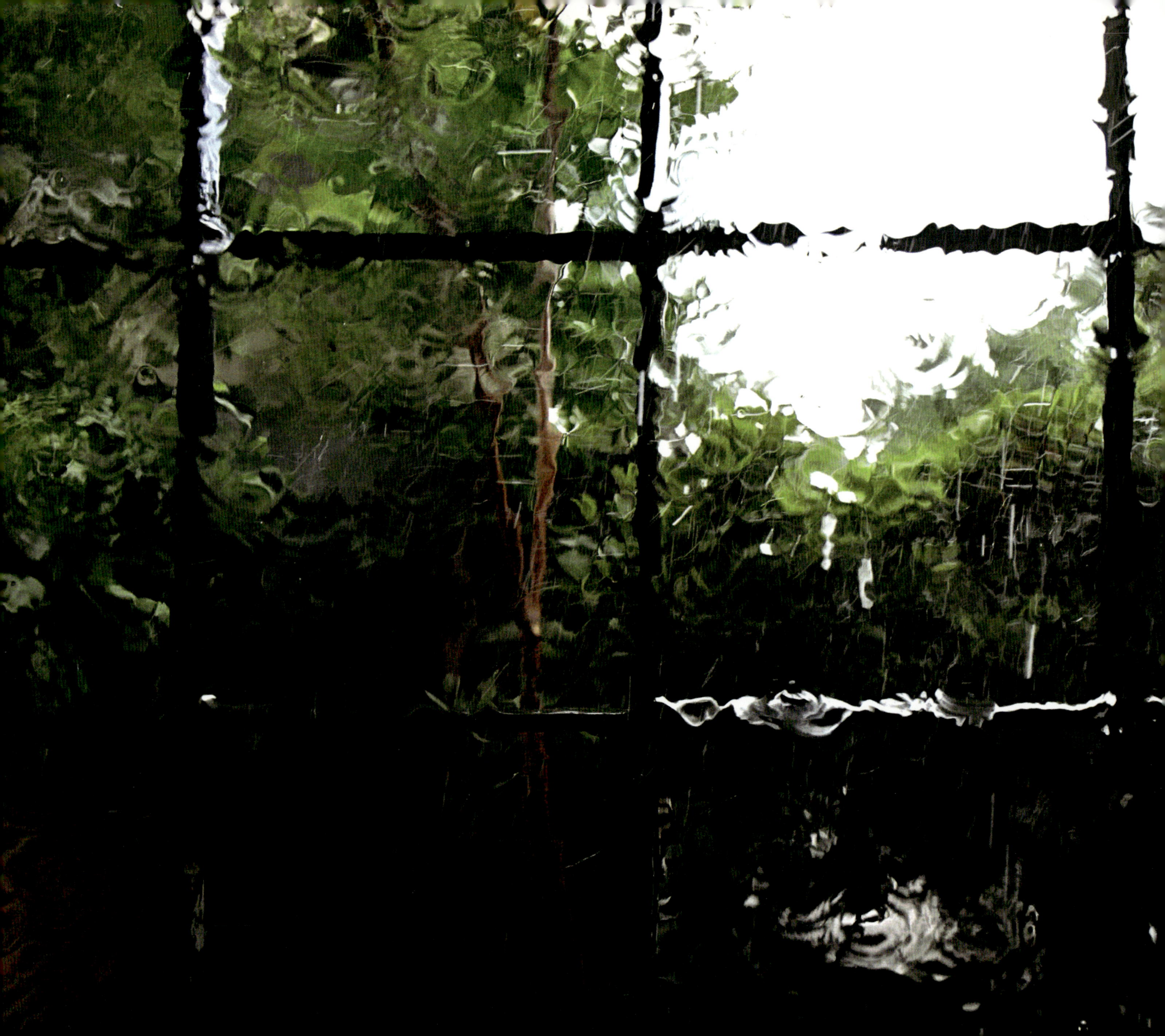

Abbas Kiarostami

Stille und bewegte Bilder
Images, Still and Moving

Herausgegeben von | Edited by
Silke von Berswordt-Wallrabe, Alexander Klar, Ingrid Mössinger

Situation Kunst (für Max Imdahl),
Kunstsammlungen der Ruhr-Universität Bochum
Museum Wiesbaden
Kunstsammlungen Chemnitz

HATJE
CANTZ

Inhalt | Contents

Grußwort

Ob aus dem »Arabischen Frühling« ein strahlender Sommer wird oder ein früher Herbst, vielleicht auch ein bitterer Winter, wissen wir nicht. Ohne die Kraft der Bilder, seien es Fotografien von Journalisten oder verwackelte Handyaufnahmen im Internet, wüssten wir jedenfalls wenig von diesen ebenso gewaltigen wie gewalttätigen Umbrüchen, den blutigen Kämpfen in Syrien, den seit Jahren anhaltenden mutigen Demonstrationen für Freiheit und Demokratie im Iran. Auch die Bilder des iranischen Filmemachers Abbas Kiarostami schreiben sich, wie einmal treffend bemerkt wurde, in das Bewusstsein und Gedächtnis der Zuschauer ein. Aber die Bildsprache Kiarostamis, der auch als Lyriker – in den bewundernden Worten Peter Handkes – »Gedichtbilder« schafft, prägt eine ganz eigene *Poesie* – eine Bildästhetik, die im Wechsel aus Sichtbarem und Unschärfe das genaue Hinsehen fordert.

Abbas Kiarostami dreht seit über vier Jahrzehnten Filme. Er ist nicht nur prominentes Aushängeschild des iranischen Films, sondern zählt zu den bedeutendsten Filmemachern weltweit. Seine Filme feiern Erfolge bei den wichtigsten Filmfestivals der Welt, so erhielt er etwa 1997 die Goldene Palme in Cannes und war dort auch 2012 wieder im Hauptwettbewerb vertreten. Auch als Fotograf findet er internationale Beachtung. Bedeutende Museen, etwa das Pariser Centre Pompidou und das Museum of Modern Art in New York, präsentieren sein fotografisches Schaffen. Doch Kiarostamis Werk entsteht unter schwierigsten Arbeitsbedingungen. In seiner Heimat sieht der Cineast und Fotograf wegen massiver politischer Einschränkungen für sich längst keine künstlerische Zukunft mehr, er weicht seit Jahren ins Ausland aus. Kiarostami bezieht politisch Stellung und setzt sich, wo immer es nötig und möglich ist, öffentlich für bedrohte Kollegen ein. Doch er ist überzeugt davon, dass die poetische Dimension seiner Kunst mehr bewirken kann. Kreativität erweise sich als weitaus stärker als die Kontrolle und der Druck der Regierung, sagt er hoffnungsvoll, und weiter: »In einer politischen Krise ist die Kunst der einzige Weg, um zu überleben. Kunst und Kultur bedeuten Überleben.«

Die Stiftung Situation Kunst macht mit dieser wichtigen Ausstellung auf ein künstlerisches und politisches Projekt zugleich aufmerksam. Ich wünsche der Ausstellung, die nach Bochum auch in Wiesbaden und Chemnitz zu sehen sein wird, viele Besucher und die ihr wie der Begleitkonferenz unbedingt gebührende Aufmerksamkeit einer breiten Öffentlichkeit.

Prof. Dr. Norbert Lammert
Präsident des Deutschen Bundestages

Preface

We do not know whether the "Arab Spring" will turn into a splendid summer or an early autumn, perhaps even a bitter winter. However, without the power of images, whether journalists' photographs or blurred shots on the Internet made with mobile phones, we would know little of these forceful and violent upheavals, the bloody battles in Syria, the courageous demonstrations for freedom and democracy in Iran that have been going on for years. The images made by the Iranian filmmaker Abbas Kiarostami also inscribe themselves into the viewers' consciousness and memory, as has been aptly remarked. As a poet, Kiarostami creates "poem pictures"—to use the admiring words of the author Peter Handke—while his pictorial language creates a very individual poetry—a pictorial aesthetic alternating between the visible and the indistinct that demands careful viewing.

Abbas Kiarostami has been making films for over four decades. He is not only a prominent hallmark of Iranian cinema, but also one of the most important filmmakers in the world. His films meet with success at all of the important film festivals in the world: in 1997, for example, he was awarded the Golden Palm in Cannes, and in 2012 he again took part in the main competition there. He also receives international recognition as a photographer. Important museums such as the Centre Pompidou in Paris and the Museum of Modern Art in New York present his photographic work. But Kiarostami's oeuvre is created under enormously difficult work conditions. Due to massive political constraints, the cineaste and photographer has long seen no artistic future for himself in his home country, for years he has resorted to working outside the country. Kiarostami takes a political stand, and wherever it is necessary and possible he publicly champions threatened colleagues. But he is convinced that the poetic dimension of his art can achieve more. Creativity proves to be much stronger than the control and pressure of the government, he says hopefully, and continues: "In a political crisis art is the only way to survive. Art and culture mean survival."

With this important exhibition, the Situation Kunst Foundation draws attention to a project that is both artistic and political in character. I wish the exhibition, which after Bochum shall also be seen in Wiesbaden and Chemnitz, many visitors, and hope that together with the concomitant conference it will receive the broad public attention that it unquestionably deserves.

Prof. Dr. Norbert Lammert
President of the German Bundestag

Vorwort

Der Fotograf, Filmemacher und Lyriker Abbas Kiarostami gehört zu jener Art von Künstlern, die im Englischen mit dem Begriff »artist's artist« umschrieben wird, womit ein Künstler gemeint ist, der besonders (manchmal auch ausschließlich) von Künstlern geschätzt wird. Jean-Luc Godard und Martin Scorsese zählen Kiarostami zu den stilbildenden Meistern ihres Faches, Christian Boltanski bewundert die suggestive Offenheit von Kiarostamis Bildfindungen in Film, Fotografie und Video, und für Fotografen sind seine in Serien angelegten Naturbetrachtungen ein Maßstab für die eigene Arbeit.

Der mittlerweile weltweit gefeierte Filmemacher und in Deutschland noch weitgehend unbekannte Fotograf Abbas Kiarostami war als Absolvent der Fakultät für Bildende Künste der Universität von Teheran zunächst Maler und Grafiker, bevor er sich ab 1970 dem Film zuwandte. Seine filmische wie seine fotografische Sprache beruhen auf kompositorischen Prinzipien, die vom »Bildermachen« der Kunst herrühren: Die Filmszenen und die Fotografien sind präzise erstellt, sie basieren auf Konstruktionslinien, die sich an der Bildmitte, am Horizont und an einem stets mitgedachten Rahmen orientieren. Film und Fotografie bedingen und beeinflussen sich wechselseitig: Während Kiarostamis frühe Landschaftsaufnahmen zum Teil auf der Suche nach geeigneten Drehorten entstanden, sind seine Filme geprägt von einem fotografischen Blick. So erinnern etwa die Fotografien der Serie *Rain and Wind,* in denen die Straßen hinter tropfenübersäten Autoscheiben verschwinden, an Filmstills aus einem Road Movie, während eine lange Einstellung in Kiarostamis neuestem Film *Like Someone in Love* die Hauptdarstellerin während einer Autofahrt von außen durch die Windschutzscheibe betrachtet: Die sich in der Scheibe spiegelnde Außenwelt läuft wie eine Bildergalerie über ihr Gesicht und zerlegt den ablaufenden Film in vorüberziehende Bilder einer Stadtlandschaft.

Kiarostamis stille und bewegte Bilder verbindet allerdings nicht nur ihr Kompositionsprinzip, sie verbindet auch das gleichermaßen starke Interesse ihres Autors an der Natur und am Menschen. Wo der Regisseur im Film seinen Figuren mit der Kamera sehr nahekommt, weitet der Fotograf Kiarostami den Blick auf eine meist entfernte, weite Landschaft. Aus diesen Polen beziehen seine Werke eine besondere Kraft, gerade auch vor dem Hintergrund der politischen Verhältnisse in seinem Heimatland: In einer Zeit, in der das Bild des Iran im Westen fast ausschließlich vom politischen Terror des Schah-Regimes und unmittelbar danach von der religiösen Dumpfheit und der Korruption der Mullah-Herrschaft geprägt wurde, gehört Abbas Kiarostami zu denjenigen, die die Erinnerung an die Tradition der Kultur, Wissenschaft und Humanität Persiens aufrecht erhalten und den Preis ihrer Absenz zahlen müssen. Seiner

Kunst ist davon kaum etwas anzumerken, sie kreiert Bilder, die eine abgeklärte Ruhe ausstrahlen und mit der aufgewühlten Gegenwart seines Landes nichts zu tun zu haben scheinen.

Nach Ausstellungen unter anderem in Brasilien, China, England, Frankreich, Iran, Italien, Japan, Portugal, Spanien, der Türkei und den USA sind Kiarostamis Fotografien sowie einige seiner Videoarbeiten nun erstmals in einer Einzelausstellung in Deutschland zu sehen. Wir freuen uns, das Werk dieses außergewöhnlichen Künstlers in Bochum, Wiesbaden und Chemnitz zeigen zu können. Unser größter Dank gilt Abbas Kiarostami für seine Bereitschaft, sich auf die Zusammenarbeit einzulassen und Werke verfügbar zu machen. Besonders herzlich danken wir Massoumeh Lahidji, ohne deren kluge Vermittlung und umsichtiges Engagement diese wichtige Ausstellung nicht zustande gekommen wäre.

Silke von Berswordt-Wallrabe, Stiftung Situation Kunst, Bochum
Alexander Klar, Museum Wiesbaden
Ingrid Mössinger, Kunstsammlungen Chemnitz

Foreword

The photographer, filmmaker, and poet Abbas Kiarostami is the kind of artist who in English is called an "artist's artist," a term used for those who are especially (sometimes exclusively) appreciated by other artists. Jean-Luc Godard and Martin Scorsese reckon Kiarostami among the seminal masters of their profession, Christian Boltanski admires the suggestive openness of Kiarostami's image creation in cinema, photography, and video, and photographers find a standard for their own work in his series of nature observations.

As a photographer Abbas Kiarostami is little known in Germany though he has come to international fame as a filmmaker; after graduating from the College of Fine Arts of the University of Tehran he started as a painter and graphic designer before turning to cinema in 1970. His cinematic as well as his photographic language are based on compositional principles derived from artistic "image making": His film scenes and photographs are made precisely, and they are based on construction lines oriented on the center of the picture, on the horizon, and on a frame that is always kept in mind. Cinema and photography condition and influence each other: Whereas Kiarostami's early landscape photographs were sometimes made in search of appropriate film locations, his films are characterized by a photographic view. Thus, the photographs of the series *Rain and Wind,* in which the streets are obscured behind car windows blotched with raindrops, are reminiscent of stills from a road movie, whereas one long take in Kiarostami's newest film *Like Someone in Love* looks at the protagonist during a car ride from outside through the windscreen: The external world is mirrored in the glass, running over her face like a picture gallery and dividing the moving film into passing images of a cityscape.

However, it is not only the compositional principle that unites Kiarostami's still and moving pictures, but also their author's equal interest in nature and human beings. While as a film director he gets very close to his characters with the camera, as a photographer Kiarostami broadens the gaze to take in a wide, generally distant landscape. His works draw a special force from these poles, especially against the background of the political situation in his home country. At a time when Iran's image in the West was almost exclusively marked by the political terror of the Shah regime, immediately afterwards by the religious stuffiness and corruption of the Mullah regime, Abbas Kiarostami was one of those who sustained the memory of the tradition of Persia's culture, science, and humanity and had to pay the price of their absence. This can hardly be noticed in his art: it creates images that emanate a serene calm and seem to have nothing to do with the agitated present of his country.

After exhibitions in Brazil, China, England, France, Iran, Italy, Japan, Portugal, Spain, Turkey, and the United States, among others, Kiarostami's photographs and some of his video works can be seen for the first time in a solo exhibition in Germany. We are happy to be able to show this extraordinary artist's oeuvre in Bochum, Wiesbaden, and Chemnitz. Greatest thanks are due to Abbas Kiarostami for his willingness to engage in this cooperation and to make his works available. We extend especially cordial thanks to Massoumeh Lahidji: this important exhibition could not have taken place without her astute intermediation and prudent commitment.

Silke von Berswordt-Wallrabe, Stiftung Situation Kunst, Bochum
Alexander Klar, Museum Wiesbaden
Ingrid Mössinger, Kunstsammlungen Chemnitz

Anmerkungen zur Fotografie

Abbas Kiarostami

Während der ersten Jahre der Revolution [1979] lagen unsere Filmarbeiten annähernd brach. Eines Tages, als ich nichts zu tun hatte, kaufte ich mir einen billigen Fotoapparat von Yashica und schweifte damit übers Land. Ich hatte das Bedürfnis, mich in die Natur zu begeben, und ließ mich einfach treiben. Allerdings wollte ich die anregenden Momente, die ich dort erlebte, auch mit anderen teilen; deshalb habe ich angefangen zu fotografieren. [...]

Die Arbeitsweise im Film unterscheidet sich deutlich von derjenigen in der Fotografie. Beim Film ist alles lange vorher vorbereitet und organisiert. Jede Aufnahme, auch wenn sie für sich steht, hängt von den Aufnahmen ab, die ihr vorhergehen und ihr folgen. Der Filmemacher hat eine Idee im Kopf, und während der Dreharbeiten ist er bestrebt, die Aufnahmen den Bildern aus seiner Vorstellung anzupassen. In der Fotografie, vor allem in der Landschaftsfotografie, ist das ganz anders. Manchmal bringt eine einzelne Ansicht die Pläne des Fotografen durcheinander und veranlasst ihn innezuhalten, eine Auswahl zu treffen und den Auslöser zu betätigen. Nichts ist vorhersehbar. [...]

Eine einfache und statische Kameraeinstellung im Film ist in der Tat wie eine Fotografie. Wenn das Geschehen komplexer wird und die Kamera sich bewegt, ist es immer noch Fotografie, aber in Bewegung. Der Sucher, oder sogar ein Rahmen, den wir mit den Fingern beider Hände formen, funktioniert wie eine einfache Kamera. Die Welt durch einen Rahmen zu betrachten ist eine permanent notwendige Übung, die am Ende zu einer gelungenen Einstellung beiträgt. [...] So ist die Fotografie wahrscheinlich eine Basisnotwendigkeit für den Filmemacher, vor allem, weil sie ihn sehen lehrt und weil sie seinem inneren Auge ein Repertoire an Bildern verfügbar macht, auf die er zurückgreifen kann, wenn sie gelungen sind, und die er verwerfen kann, wenn sie unzulänglich sind. Die Wahrnehmung und Beurteilung verschiedener Arten von Schönheit ist eine der schwierigsten Aufgaben, die man nur durch die Fotografie erlernen kann.

Themen für die Fotografie liegen überall, aber mein Ausgangspunkt ist Teheran. Die Reise kann 300 Kilometer lang sein und beispielsweise zum Kaspischen Meer im Norden führen, oder nach Kurdistan, wo ich kürzlich einige Bilder gemacht habe, etwa 700 Kilometer von Teheran entfernt, nahe bei der Grenze zum Irak. Ich investiere sehr viel Zeit in die Auswahl meiner Drehorte. Ohne Übertreibung, manchmal suche ich fast sechs Monate lang, oder sogar noch länger. Ich finde eigentlich nicht, dass die Suche nach einem Drehort so lange dauern sollte, aber ich finde es so anregend, durch die Natur zu streifen. Der Vorwand, nach passenden Hintergründen für meine Filme Ausschau zu halten, erlaubt es mir, Landschaften zu betrachten und die Fotografien aufzunehmen, nach denen ich suche. Solche idealen Fotografien sind manchmal nur schwer einzufangen. Ich habe schon 3000 Kilometer lange Fahrten unternommen, mit zwei oder drei gut ausgestatteten Kameras und zig Filmrollen im Gepäck, und dann den Auslöser doch weniger als zehn Mal gedrückt; nicht, weil ich keine eindrücklichen Motive fand, sondern weil das Licht ungünstig war. Man kann eine Landschaft hundert Mal und öfter durchqueren, um dann eines Tages plötzlich von ihr angezogen und ergriffen zu werden. Die Landschaft ist die gleiche, die man schon oft durchquert hat, nur das Licht macht sie plötzlich so reizvoll. [...] Aber natürlich ist das Licht nicht der einzige entscheidende Faktor. Einmal habe ich einen riesigen Baum fotografiert, der zwischen zwei Hügeln wuchs. Im Labor wurde das Negativ beschädigt. Zwei Tage später machte ich mich auf, um den gleichen Baum noch einmal zu fotografieren, zur gleichen Tageszeit, mit dem gleichen Objektiv, aus dem gleichen Blickwinkel. Ich verglich die beiden Fotografien, und sie sahen einander überhaupt nicht ähnlich. Es mag übertrieben klingen, aber die beiden Bäume hatten eine unterschiedliche Ausstrahlung, obwohl ihre äußere Erscheinung gleich war, genau wie es auch bei Menschen passiert. Die Fotografie ist das einzige Mittel, das uns den Luxus erlaubt, solche einzigartigen Momente ewig festzuhalten. [...]

Eine Landschaft zu fotografieren ist für mich eine Einladung, die Natur zu betrachten; eine ergreifende Szene in einem besonderen und unwiederbringlichen Moment, die man einfach anschauen muss, selbst wenn man kein Fotograf ist und nicht einmal eine Kamera besitzt. Über viele Jahre hinweg verließ ich fluchtartig die Stadt und fühlte mich draußen sofort viel wohler. Die Natur zu beobachten war wie ein Beruhigungsmittel, mit einer fast magischen Wirkung auf mich. Es waren kurze Ausbrüche mit ungewissem Ende. Ich fand mich plötzlich auf dem Land wieder, manchmal in Begleitung, aber meist allein. Freunde sind nicht immer bereit zu so einem spontanen Abenteuer, und es ist schwer, einen bewölkten Himmel oder einen gewaltigen Baumstumpf unter geheimnisvollem Licht zu betrachten, wenn man allein ist. Eine imposante Landschaft ohne jemanden zu betrachten, mit dem man die Empfindungen teilen kann, ist eine echte Tortur. Die Kamera erlaubt es jedoch, andere an solchen Erfahrungen teilhaben zu lassen. Fotografie ist nicht notwendigerweise ein Anreiz zu Tagträumen, aber sie kann es sein. Wenn Träumen heißt, der Stadt und ihren Zwängen zu entfliehen, wenn Träumen heißt, zu den Ursprüngen – also zur Natur – zurückzukehren, dann kann das Fotografieren ein Anlass zum Träumen sein.

Bevor ich Fotograf wurde, habe ich gemalt, aber ich habe mich nie als Maler gefühlt. Das Malen war eher eine Art Therapie; das fand ich heraus, als ich über dreizehn Jahre hinweg sporadisch die Malklassen der Kunstfakultät besuchte. Aber schon vorher war ich eine Art »Voyeur«. Damit meine ich, dass ich an Details hängenblieb, die alle anderen als bedeutungslos empfanden. Ich war an allem um mich herum interessiert, aber es gelang mir nicht, zu malen was ich sah. Ich fühlte mich kraftlos vor der Leinwand, und dieses Gefühl der Kraftlosigkeit stachelte mich an, weiter zu malen. Die Entdeckung des Fotoapparats hat dann wahrscheinlich die »Maltherapie« ersetzt. Die Natur ist ein großartiger Maler, sie malt in verschiedenen Stilen und Verfahren, manchmal klassisch und manchmal sehr abstrakt. Manchmal reicht es, mit der Kamera einige Bilder aus der Natur auszuschneiden, oder sie stark zu vergrößern, oder sie auf den Kopf zu stellen, um etwa einen Baum nicht mehr in seiner natürlichen Erscheinungsweise zu sehen oder farbige Flächen nicht mehr als fruchtbare Felder zu lesen. So kann man Kompositionen aus Farben und Formen erkennen, die manchmal sehr abstrakt und unabhängig von natürlichen Erscheinungsformen sind. [...] Techniker entwickeln Kameras, Objektive und Negativfilme mit verschiedenen Empfindlichkeiten, und ich, aus der Malerei verbannt, drücke nur einen Knopf. Manchmal im richtigen Moment, aber immer mit großem Vergnügen.

Die Arbeit eines Künstlers reflektiert seine Empfindungen, im Widerspruch oder auch nicht. Tatsächlich sind wir unseren Werken entweder sehr ähnlich oder überhaupt nicht. Aber selbst wenn ich zur zweiten Kategorie gehören sollte, ist es doch offensichtlich, dass meine Fotografien der gleichen Substanz entstammen wie meine Träume.

Auszüge aus: »Interview with Abbas Kiarostami«, erstmals publiziert in: Abbas Kiarostami, *Photo Collection,* Teheran 2000 (nicht paginiert).

Notes on Photography

Abbas Kiarostami

During the first years of the revolution [1979], work slowed down significantly. One day, when I had nothing to do, I bought myself a cheap Yashica camera and went roaming in the countryside. I had the desire to become one with Nature, and she led the way. Yet, I also wanted to share the pleasant moments I had witnessed with others. That is why I started taking photographs....

The work method used in film differs from that of photography. With film, everything is prepared and organized ahead of time. Each shot, though independent, also depends upon the shots that precede and follow it. The filmmaker has an idea in his mind and, during the shooting, he endeavors to make the scene correspond to the vision he has imagined. This is not the case in photography, particularly landscape photography. Sometimes an isolated and abstract image upsets the continuity of the photographer's mind and invites him to pause, make a choice and release the shutter. Nothing is foreseeable in advance....

A simple and immobile mise en scène is in fact like photography. When it involves something more complex with a camera that moves, it is still photography, but in movement. The viewfinder, or even the frame formed by the fingers of both hands, functions like a simple camera. Viewing the scene through a frame is a permanent exercise which, in the end, helps the mise en scène.... One may perhaps say that photography is a necessity for the filmmaker, firstly because, in this way, one learns to see and one's mind becomes filled with beautiful images which, if you want, you can turn to or get rid of their inappropriate lack of beauty. The perception of disparate beauties is one of the most difficult specialties which can be achieved only by means of photography.

Subjects of photography are everywhere, but my point of departure is Tehran. The trajectory can go from 300 kilometers to the north, near the Caspian Sea, to Kurdistan, where I recently took some pictures. It is 700 kilometers from Tehran, not far from the Iraqi border. I put a lot of time in my settings. Without exaggerating, sometimes I search for six months, maybe even more. I don't think that looking for a film set should take so much time, but walking in nature is extremely pleasant. Contemplating landscapes under the pretext of looking for my decors leads me to take the photographs I am looking for. These ideal photographs are sometimes very hard to access. I have made 3000-kilometer-long travels with two or three well-equipped cameras and tens of raw film rolls but been able to release the shutter less than ten times; not because I could not find beautiful scenes, but merely due to inappropriate light. You could pass by a landscape hundreds of times and then, one fine day, suddenly be attracted and captivated by it. The landscape is still the same you passed by many times, but the light has rendered it more attractive.... Of course, light is not the only determining factor. Once, I photographed a gigantic tree, which grew between two hills. The negative was scratched at the lab. Two days later, I went to photograph the same tree, at the same time of day, with the same lens, and from the same axis. I compared the two photographs and they didn't even look like each other. This may seem a bit exaggerated, but the two trees seemed to have different feelings, whereas their appearance was the same, just as for human beings. Photography is the only means that can offer us the luxury of eternally recording unique moments, which last for only an instant....

Photographing a landscape is, for me, an invitation to contemplate nature; a captivating scene at a particular and unrepeatable moment which you feel summoned to contemplate, even if you are not a photographer and don't even own a camera. For many years I would escape from the city, and indeed feel much better. Observing was a sedative for me. It has an almost magical effect on me. They were short voyages without a precise end. I suddenly found myself in the middle of the countryside, sometimes accompanied, but more often alone. Friends are not always ready to take part in this sort of adventure, and contemplating the cloudy sky and the massive trunk of a tree under a magical light is difficult when one is alone. Not being able to feel the pleasure of seeing a magnificent landscape with someone else is a form of torture. A camera allows me to share these sensations with others. While photography is not necessarily an instigation to daydreaming, it can be. If dreaming consists of fleeing the city and its constraints, if dreaming means going back to the sources—and, therefore, to nature—then photographing nature can be considered an instigation to dreaming.

Before becoming a photographer, I did painting, but I never considered myself a painter. Painting was a sort of therapy. This I found out by a thirteen-year-long intermittent attendance of the Fine Arts faculty's courses. But, before getting into painting therapy, I was a "voyeur." By this I mean I lingered on details that were completely insignificant for others. I was interested in everything around me, but I never brought myself to paint what I saw. I felt powerless in front of the canvas and this feeling of powerlessness spurred me on to continue painting. My discovery of the camera has perhaps replaced the therapy of painting. Nature is a great painter, which paints with diverse styles and methods; sometimes classical and sometimes very abstract. Sometimes, it is sufficient for you to cut some of nature's images, or enlarge them extremely, or hold them upside down, so as to no more see the tree in its natural form, and to no more look at colorful plains as fertile fields. Compositions of colors and forms are sometimes very abstract and independent from nature.... Technicians create cameras, lenses, and negatives with different sensitivities and I, the one banished from painting, only press a button. Sometimes at the right moment, but always with great pleasure.

The work of an artist reflects his sentiments, contradictory or not. In fact, either we resemble our work or not at all. Even if I belong to the second category, it is apparent that my photographs are made of the same substance as my dreams.

Extracts from "Interview with Abbas Kiarostami," first published in: Abbas Kiarostami, *Photo Collection*, Tehran 2000 (not paginated).

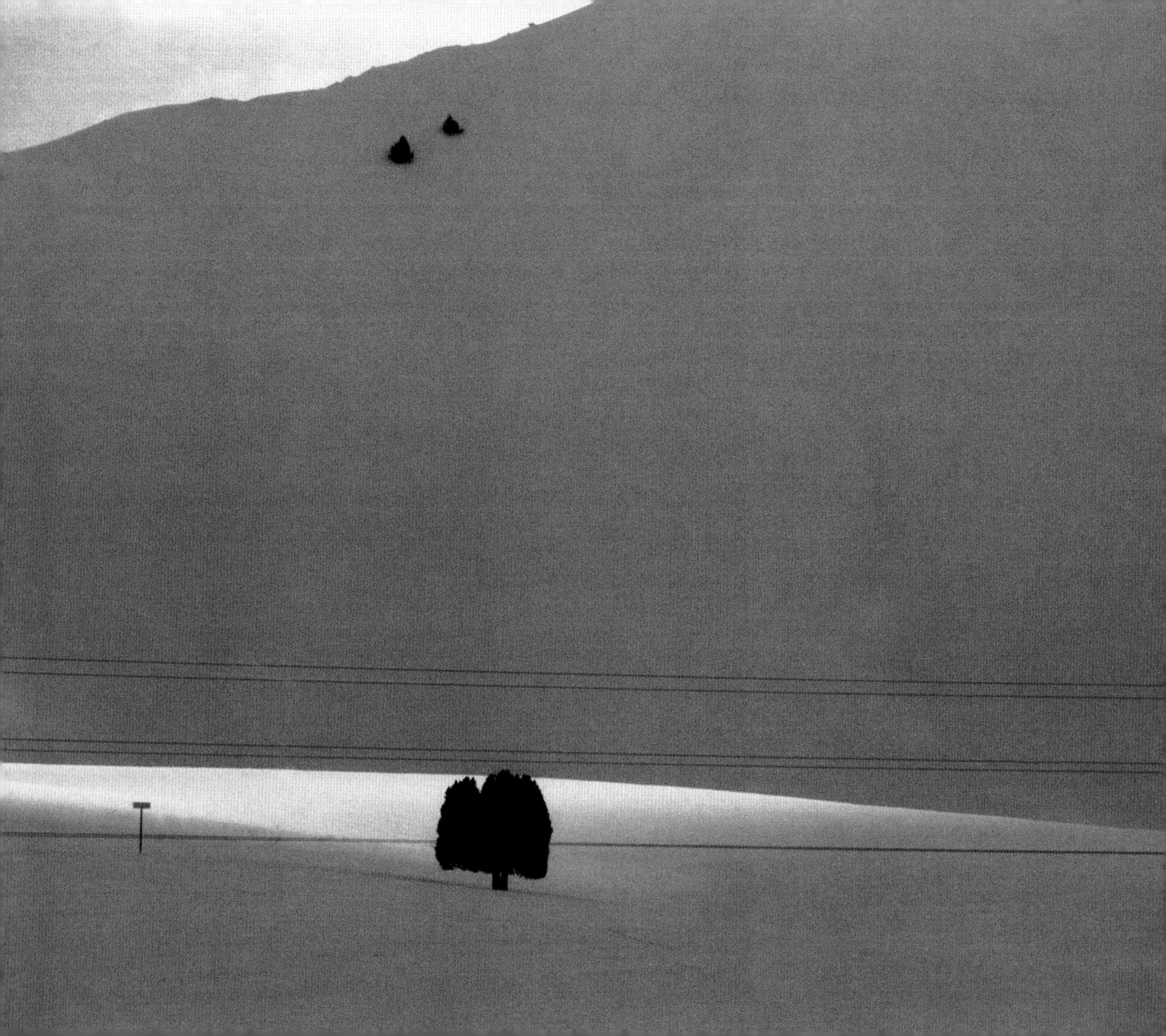

Snow descends
from the black clouds
with the whiteness of snow

Es schneit
Aus einer schwarzen Wolke
Schneeweiß

Snow White, 1978–2004

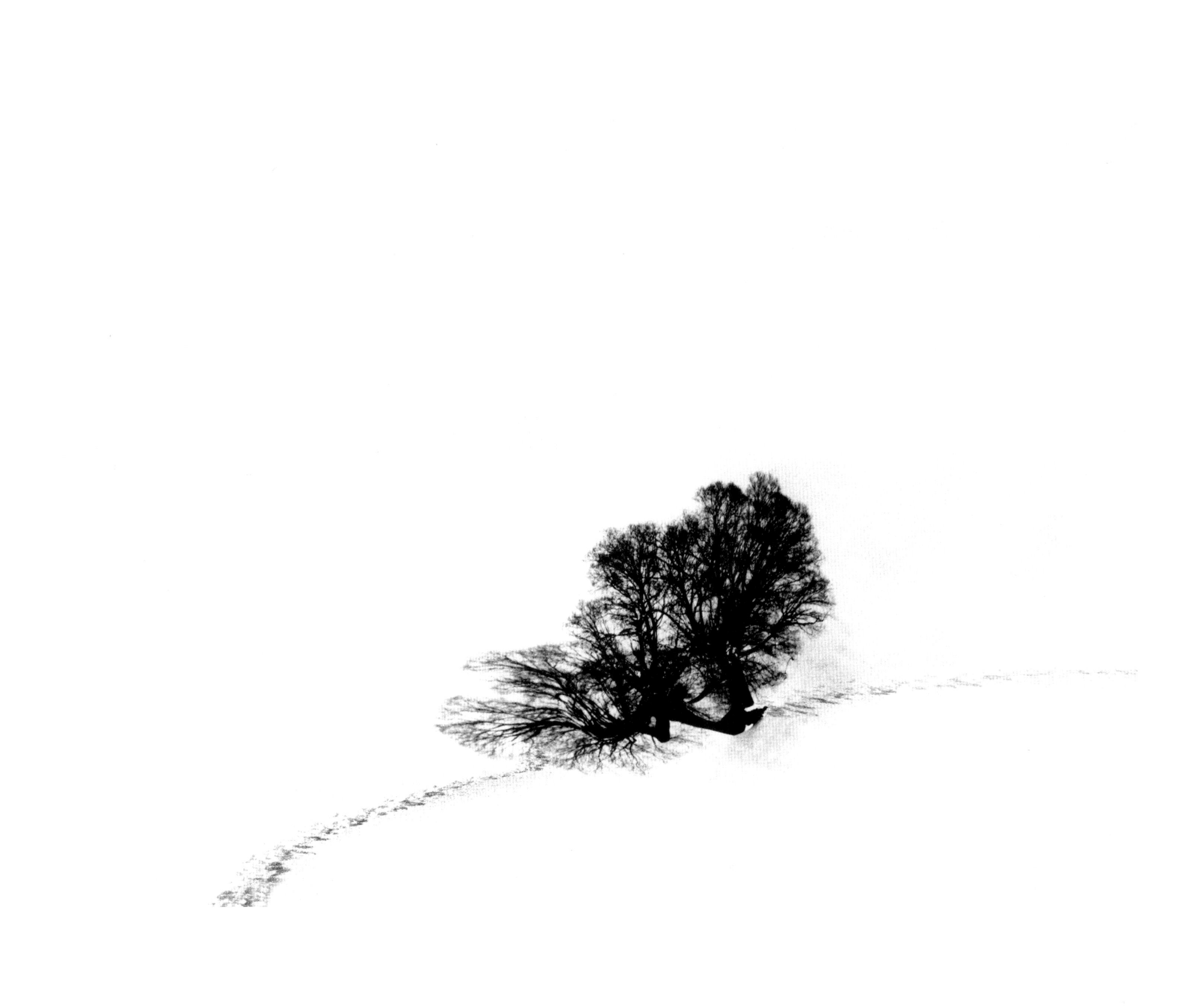

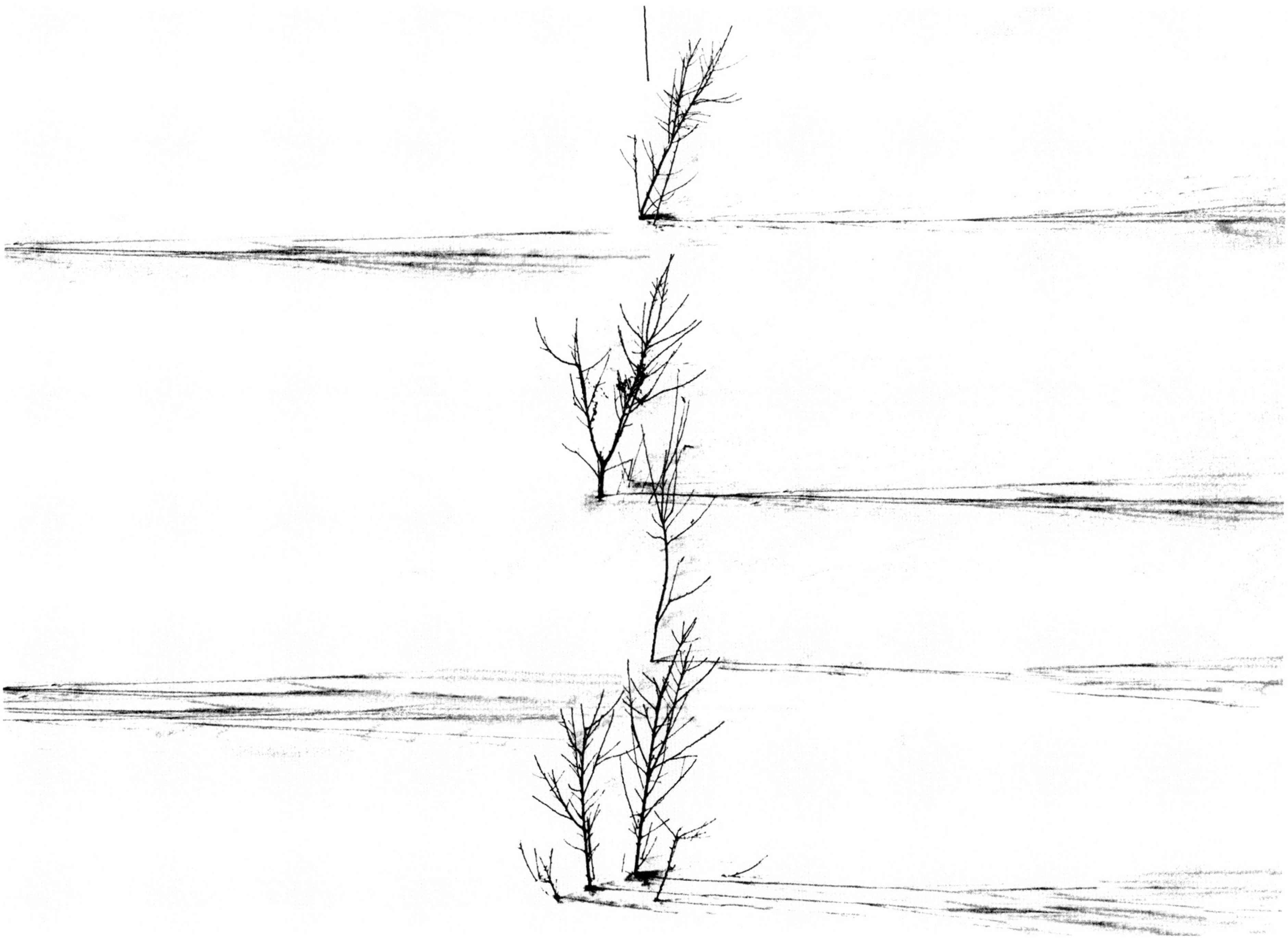

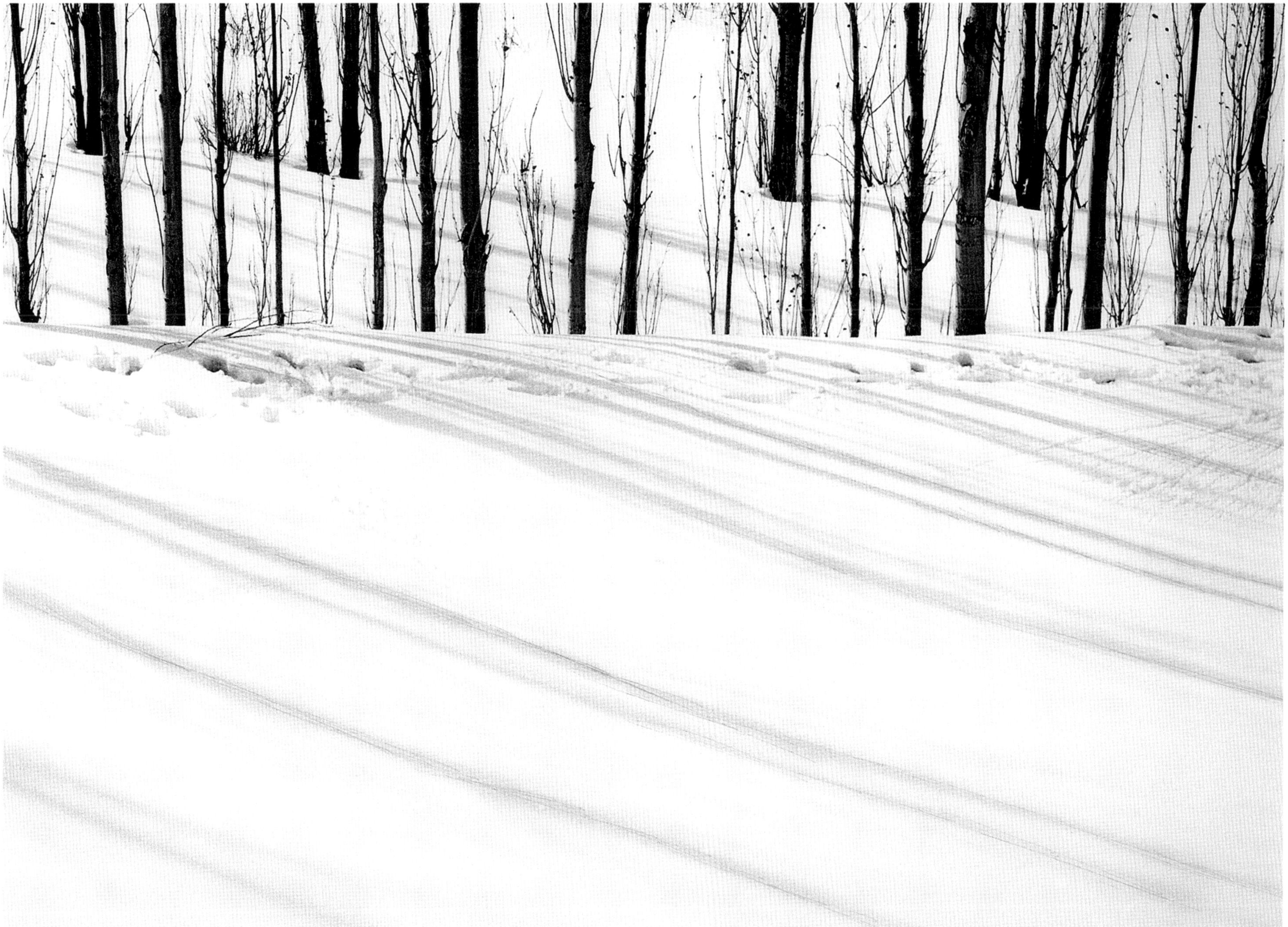

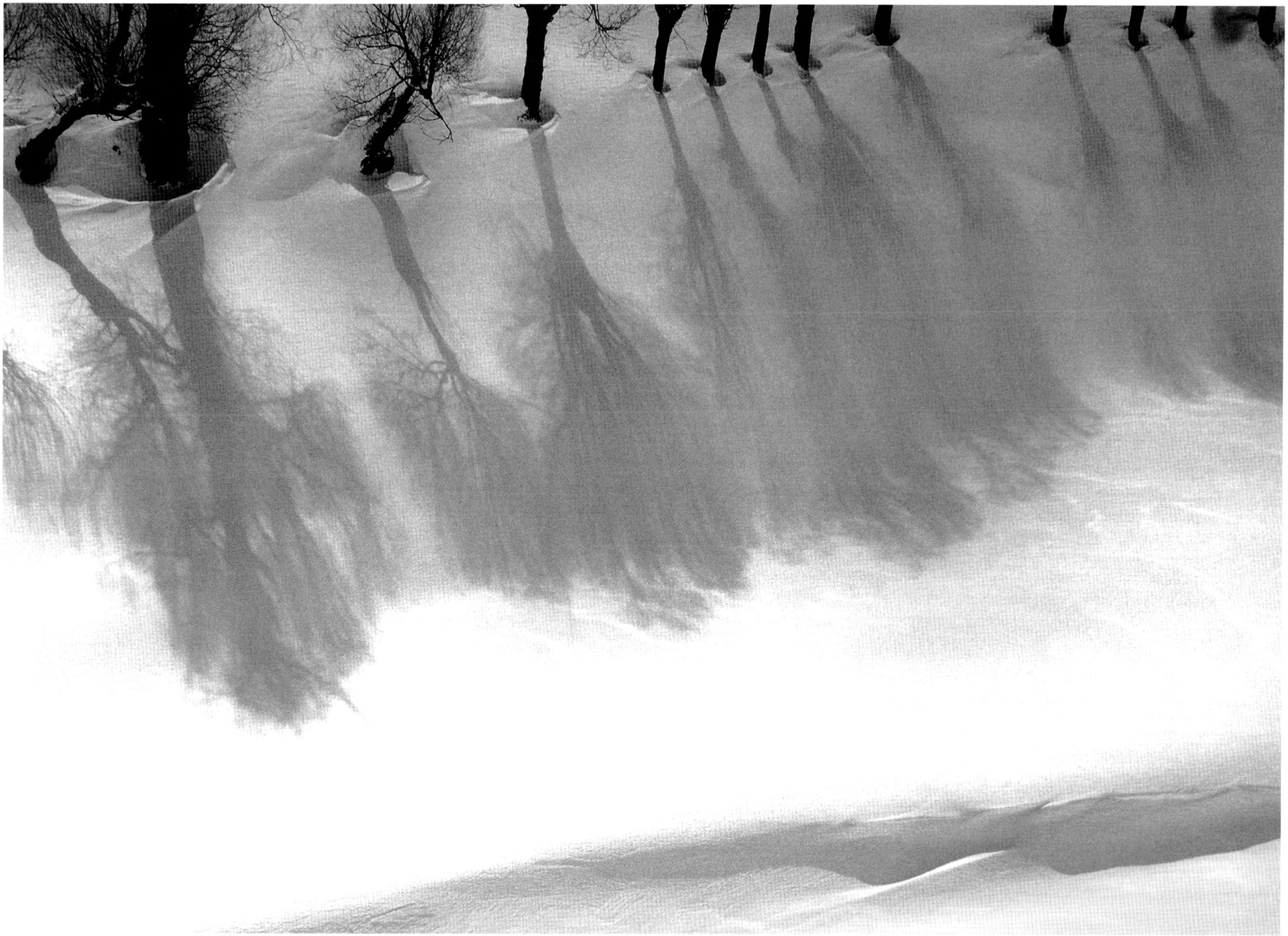

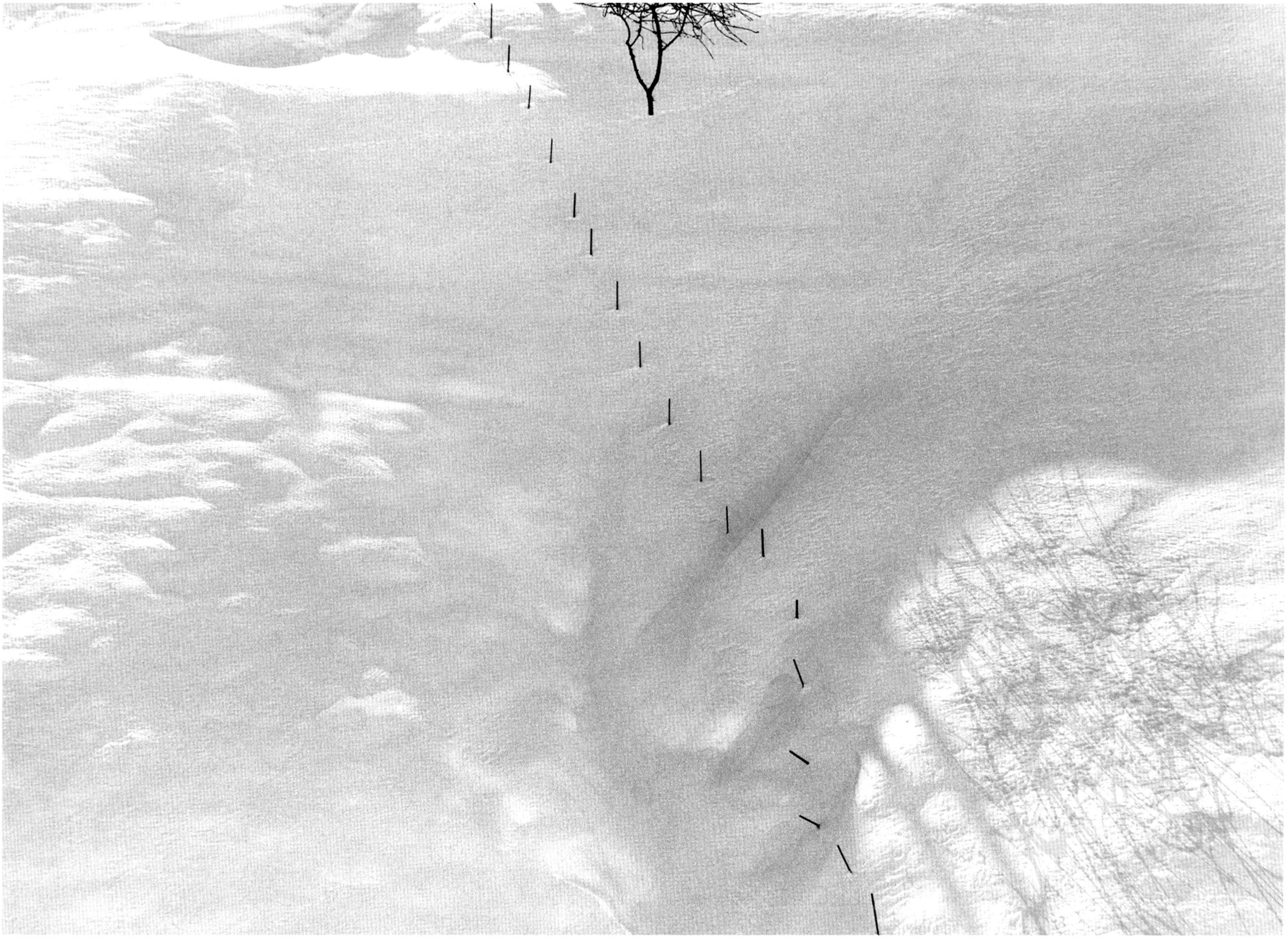

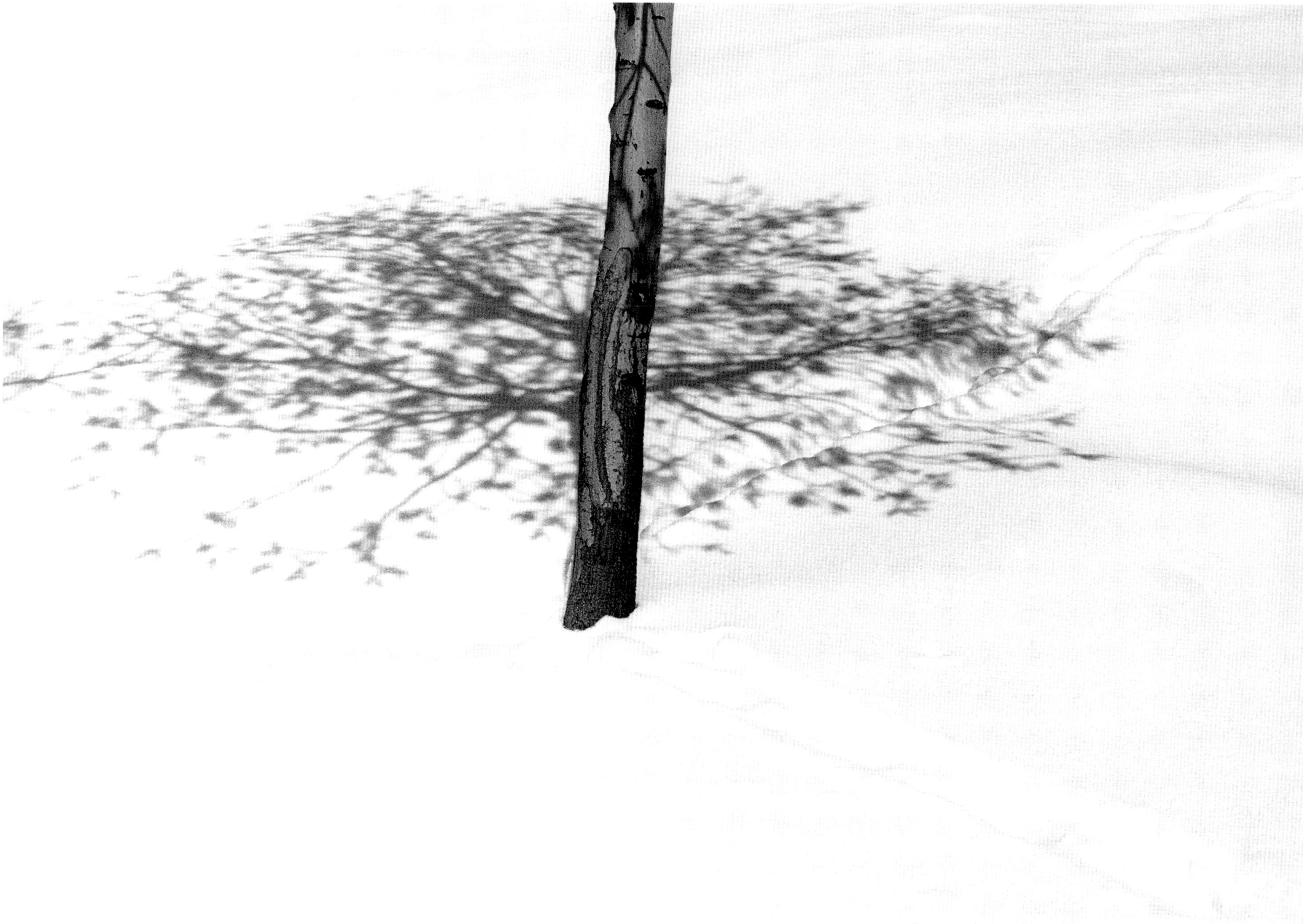

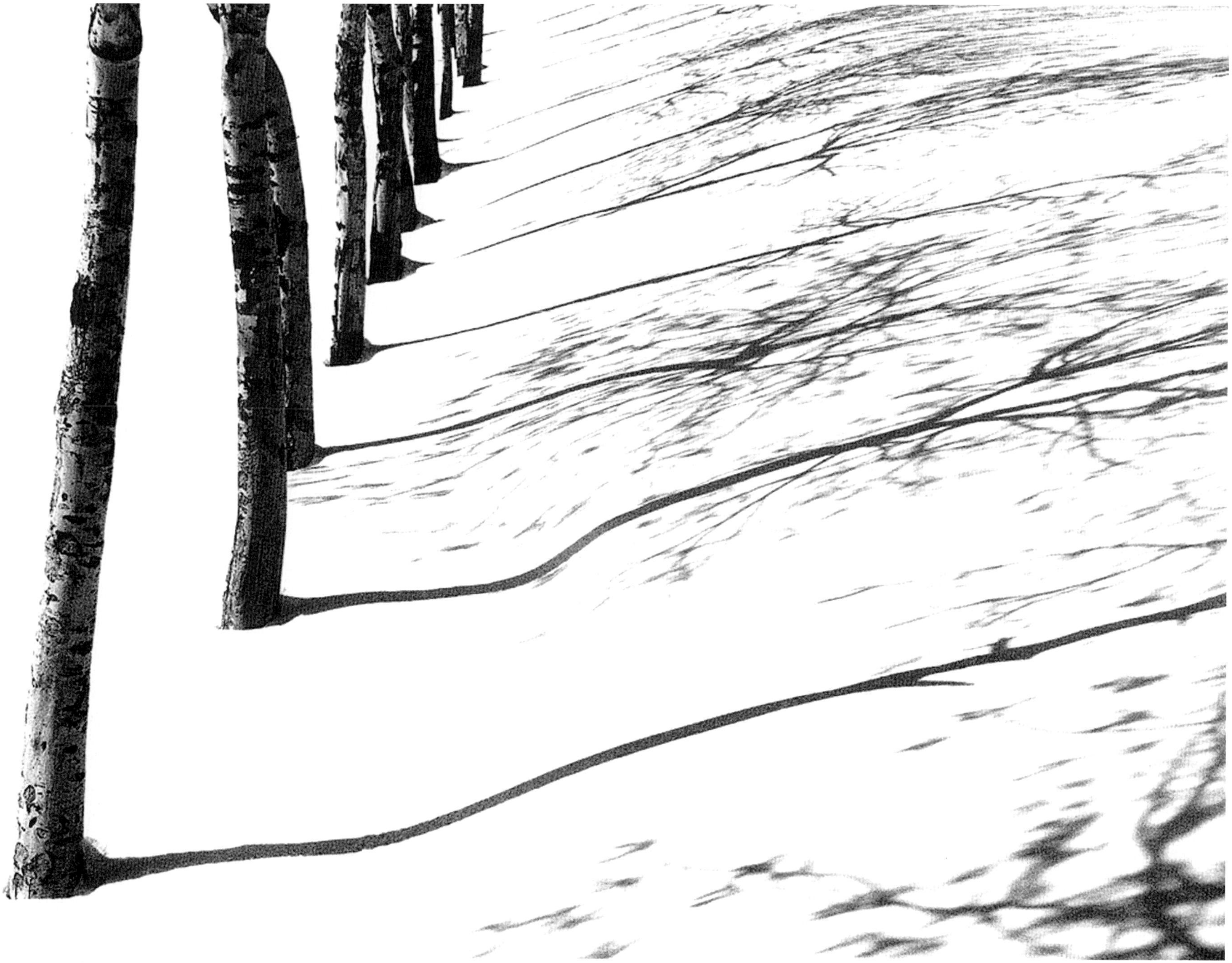

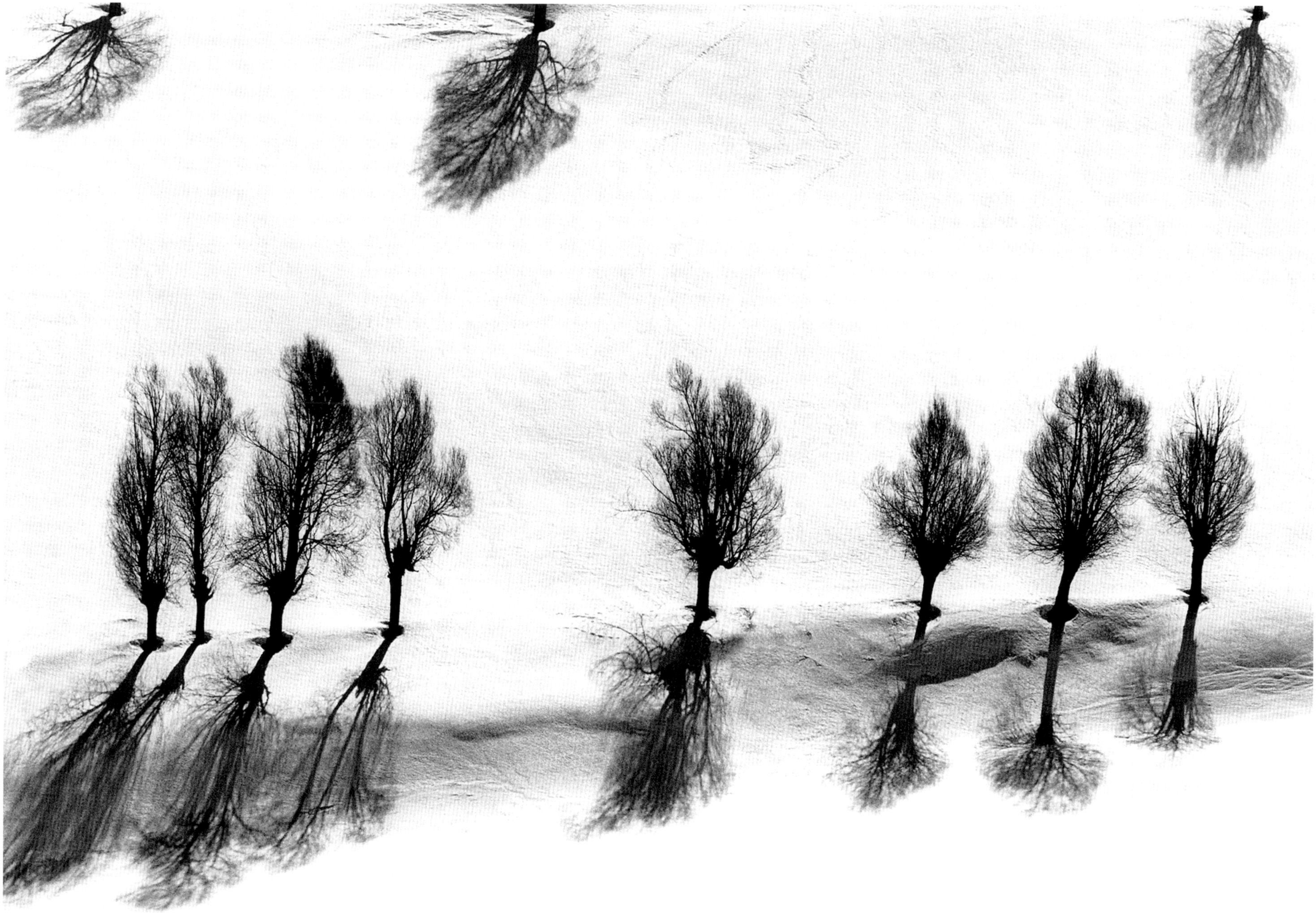

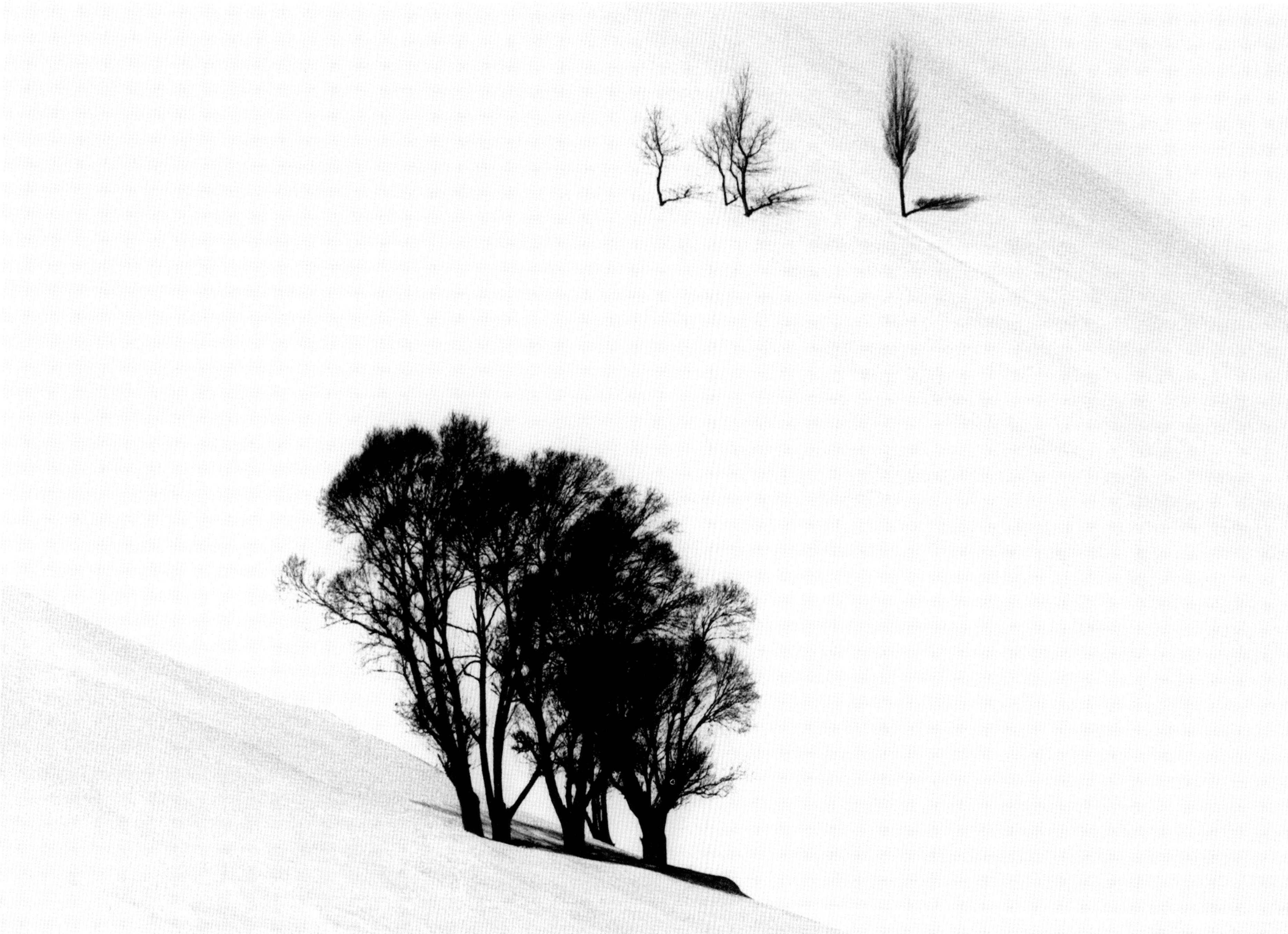

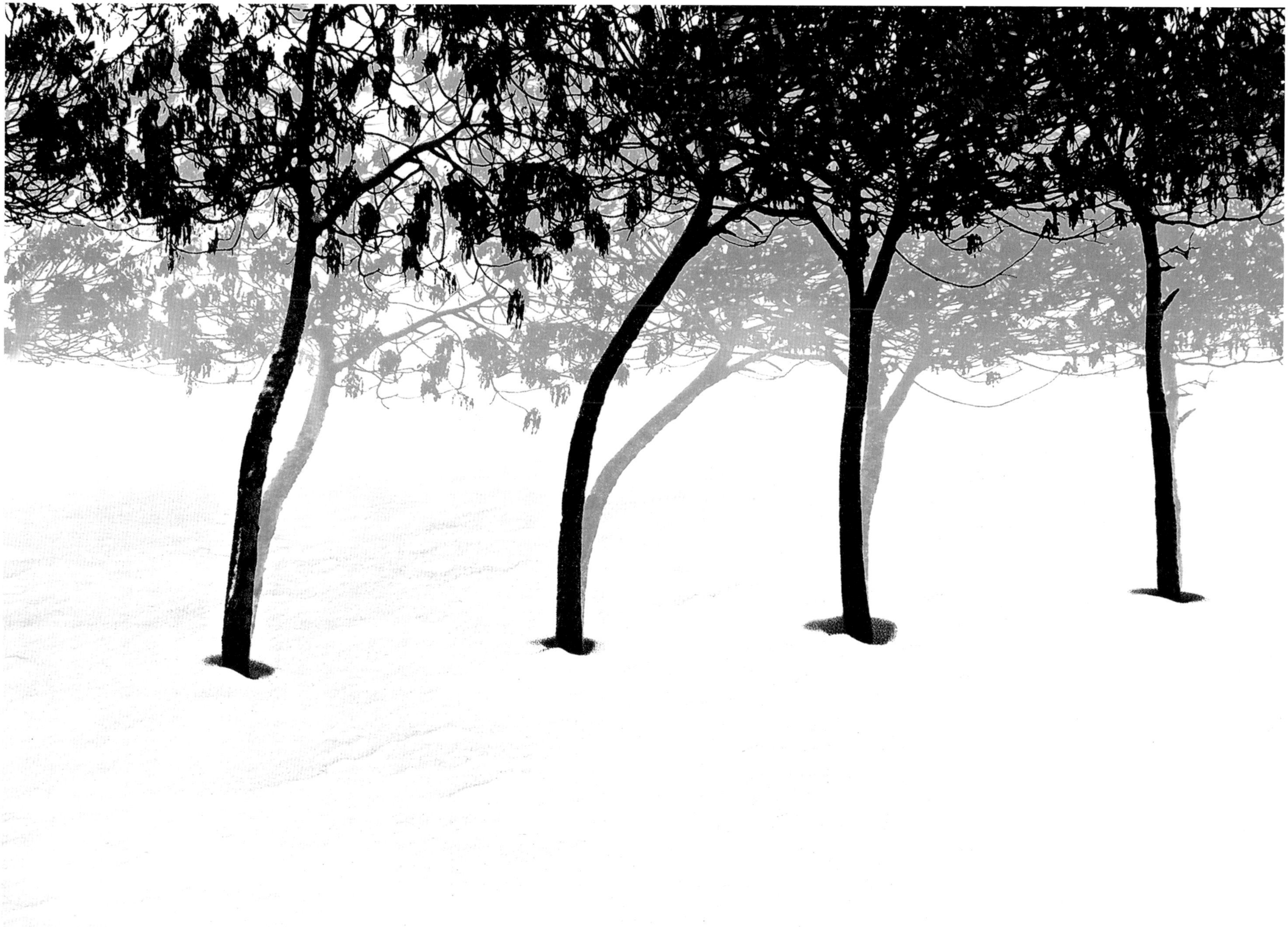

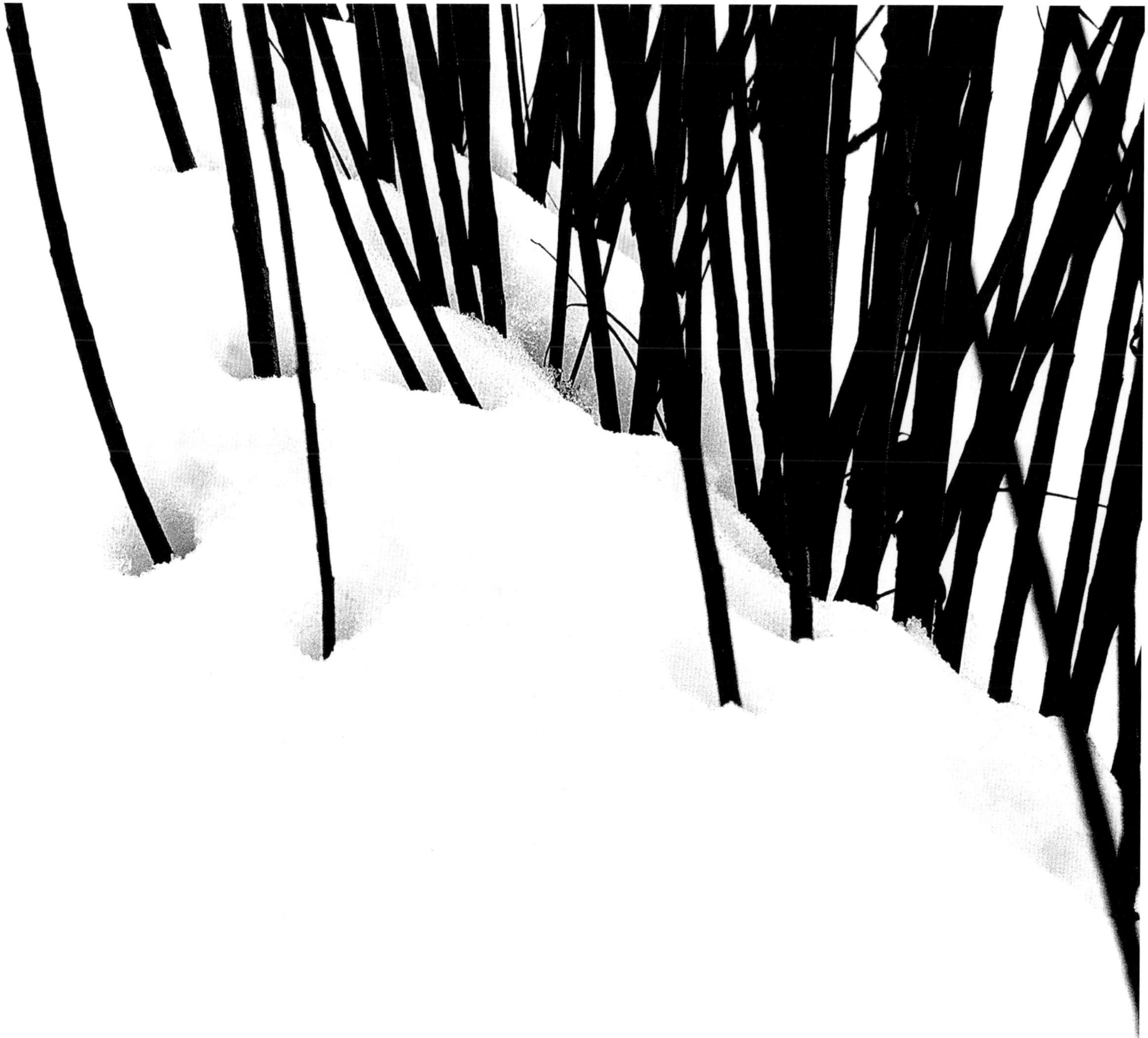

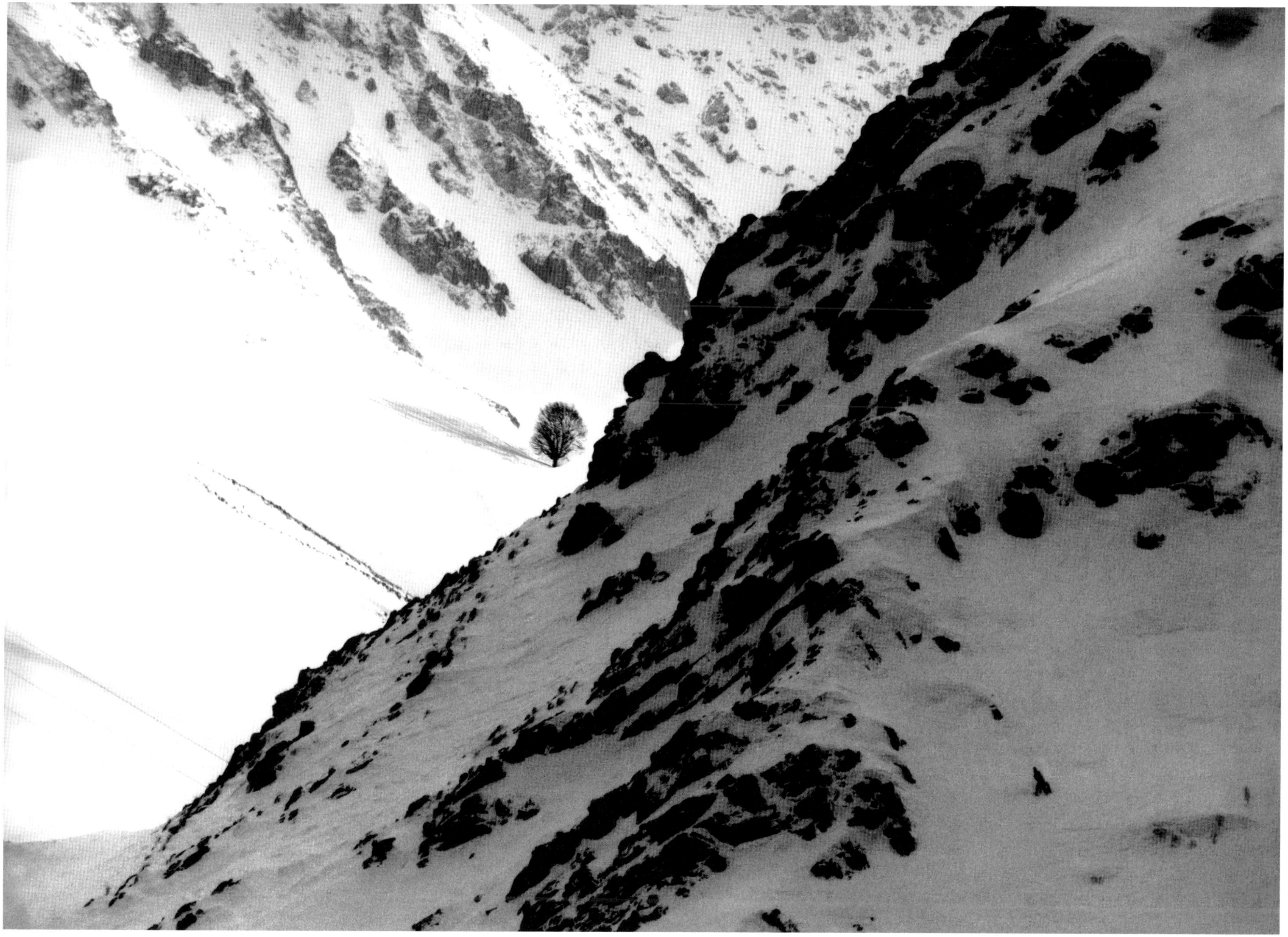

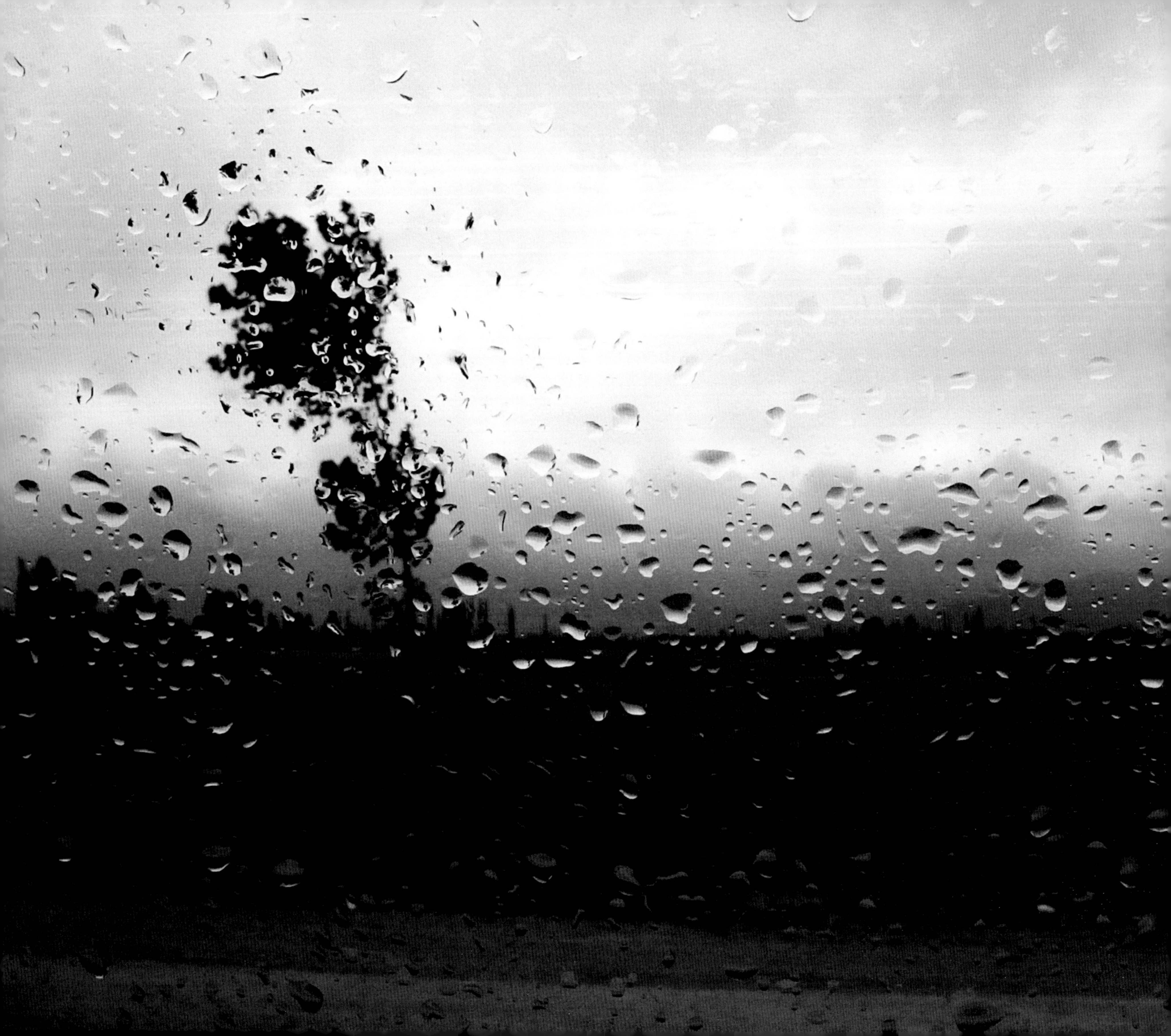

Nobody
can do anything
when the sky
means to shed rain

Niemand
Kann dagegenhalten
Wenn der Himmel
Regen beschließt

Rain and Wind, 2006/07

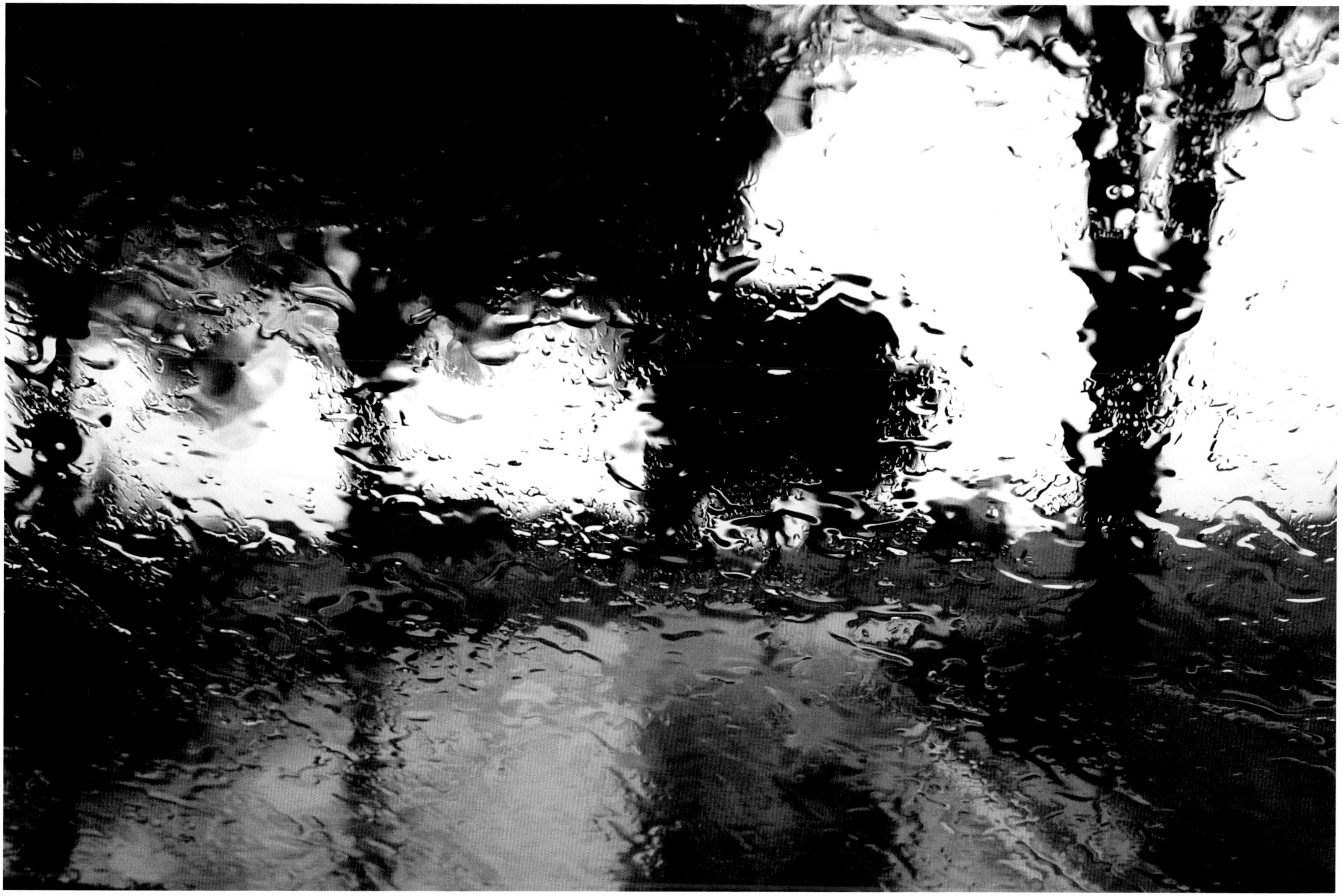

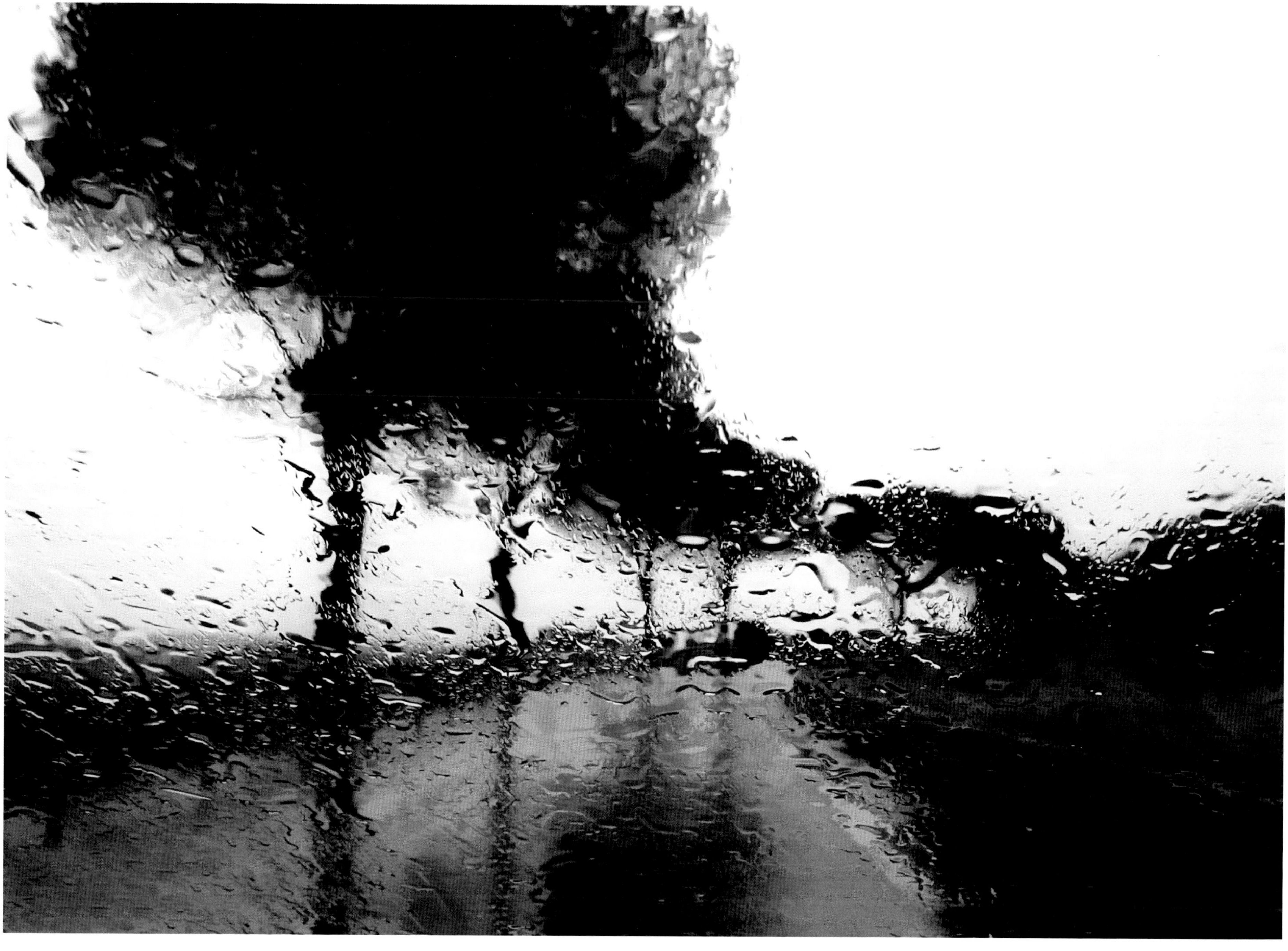

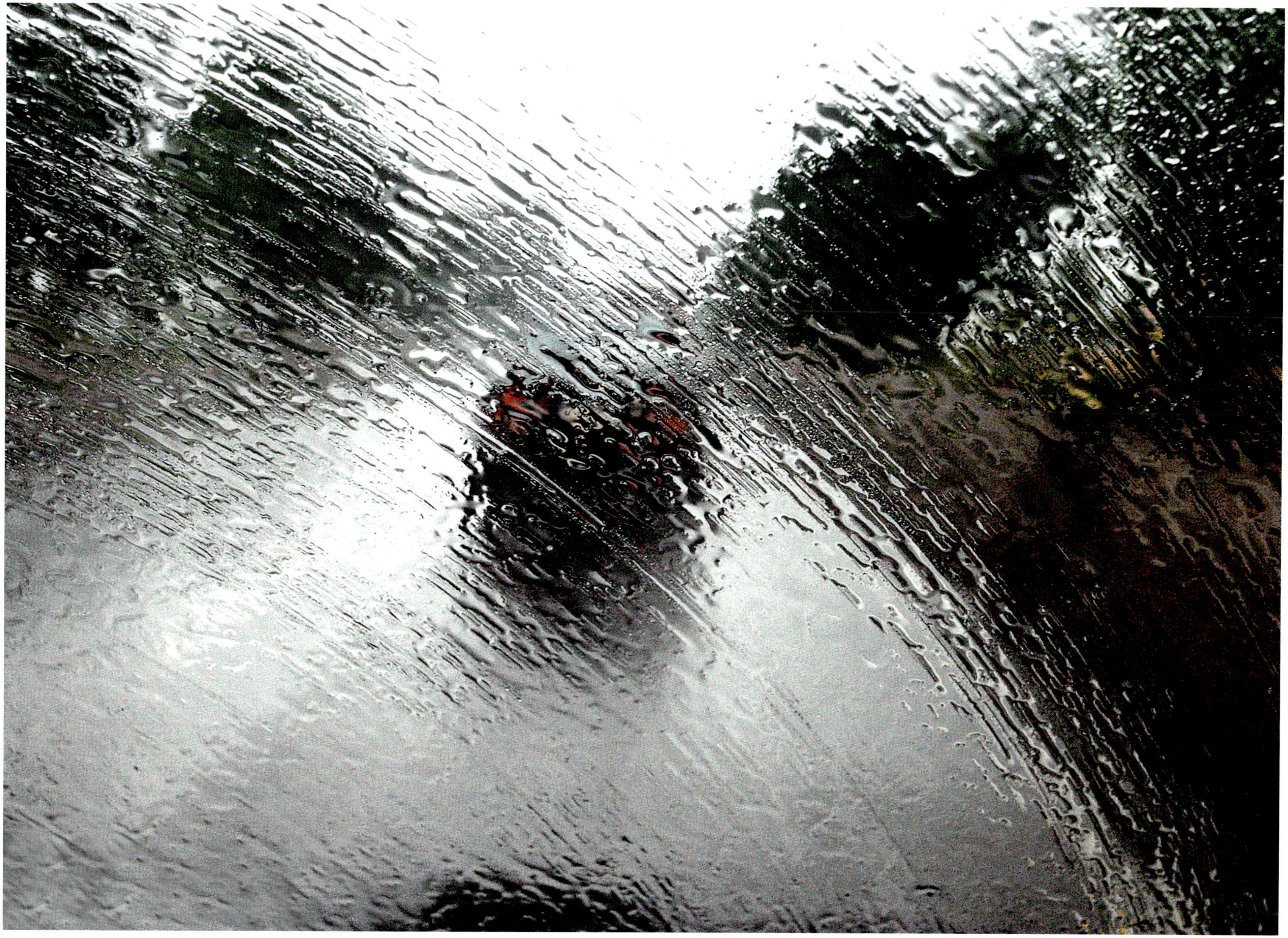

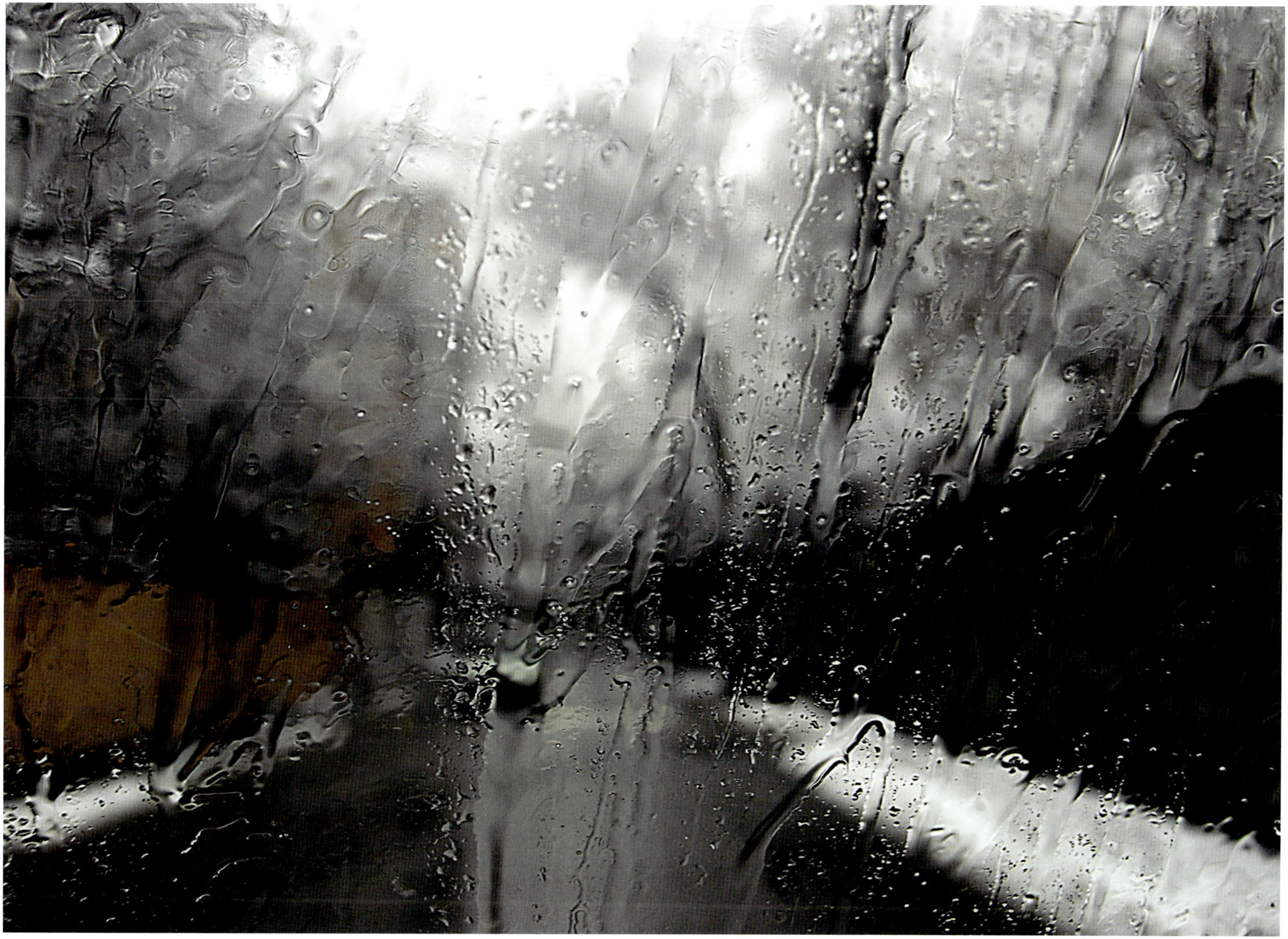

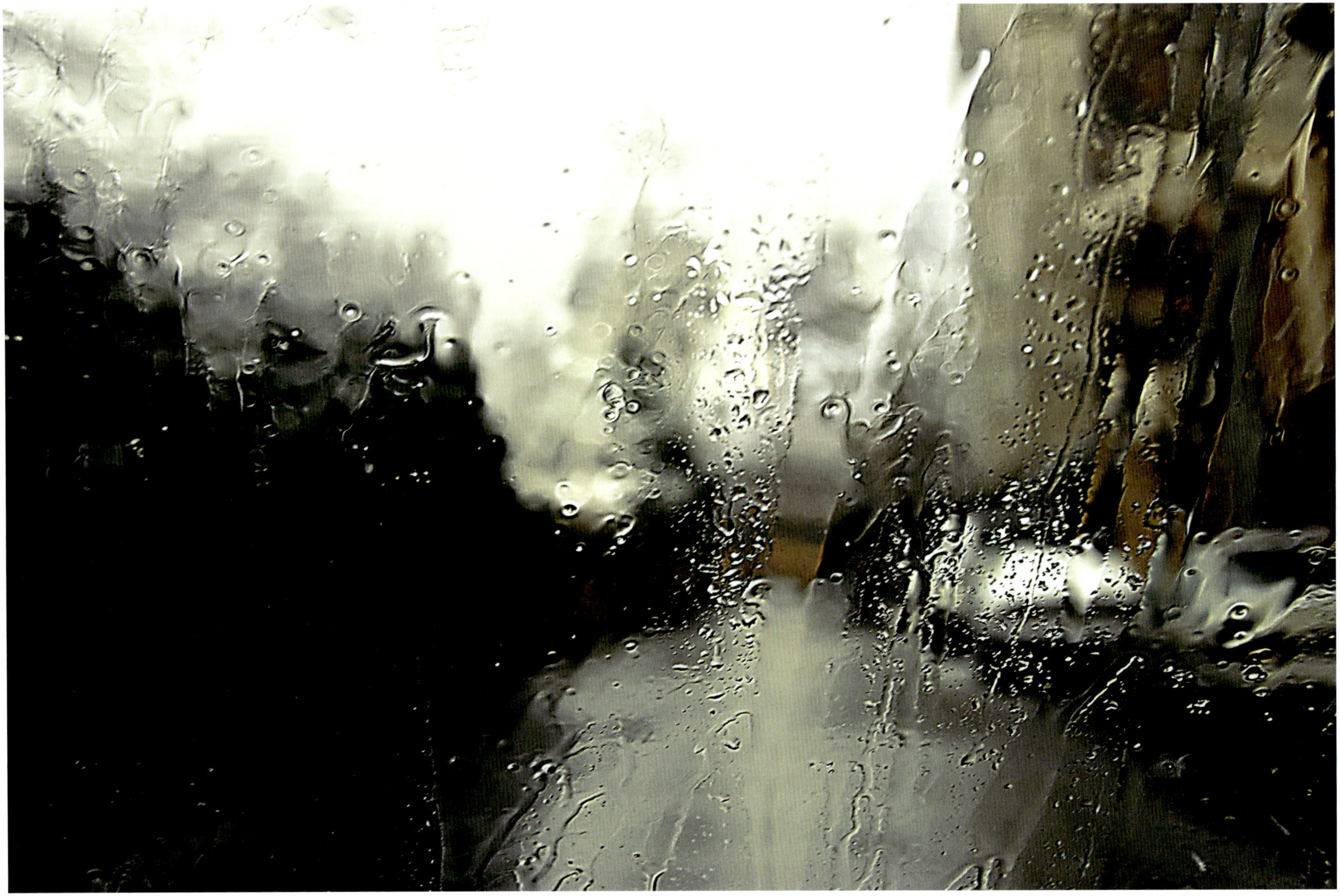

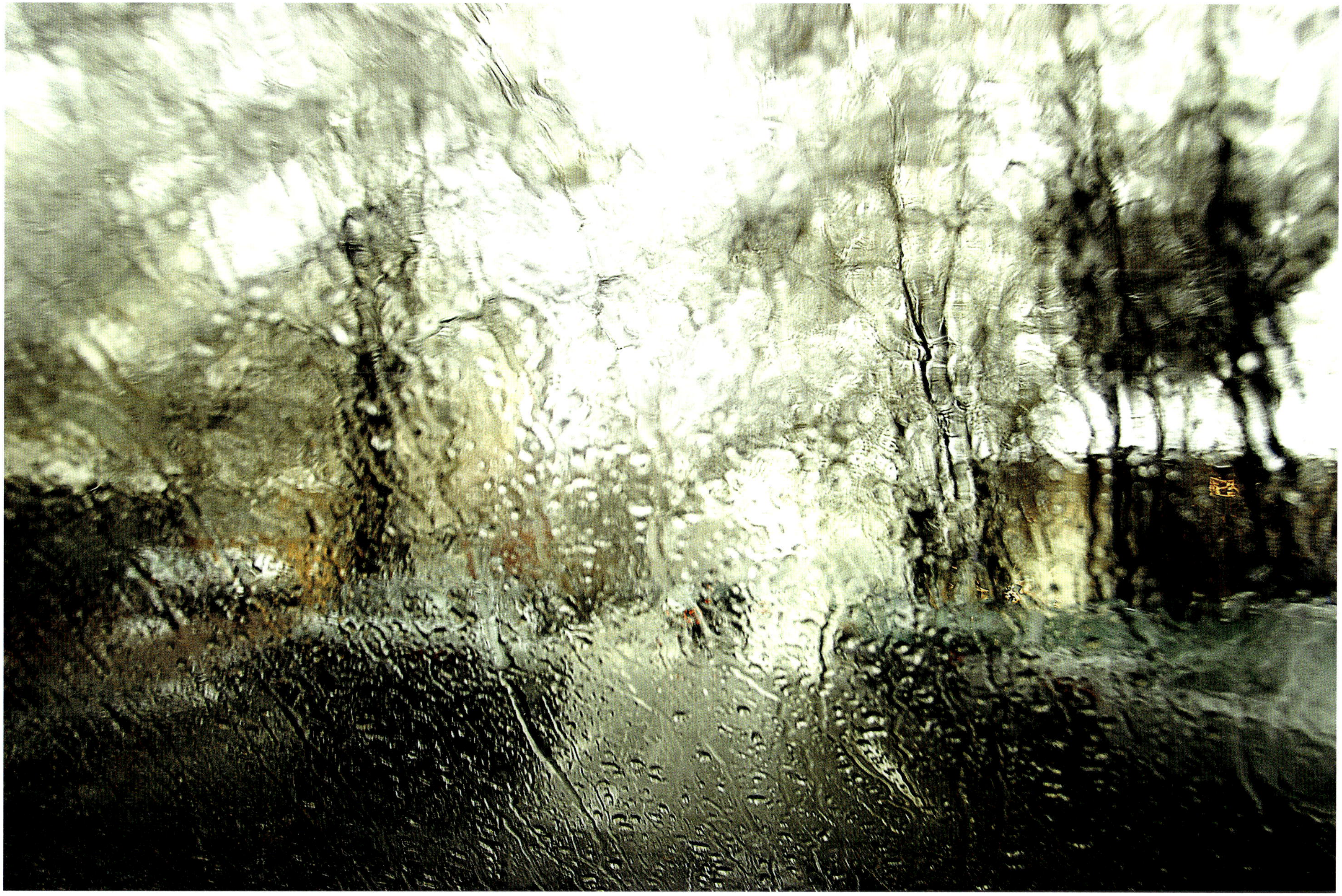

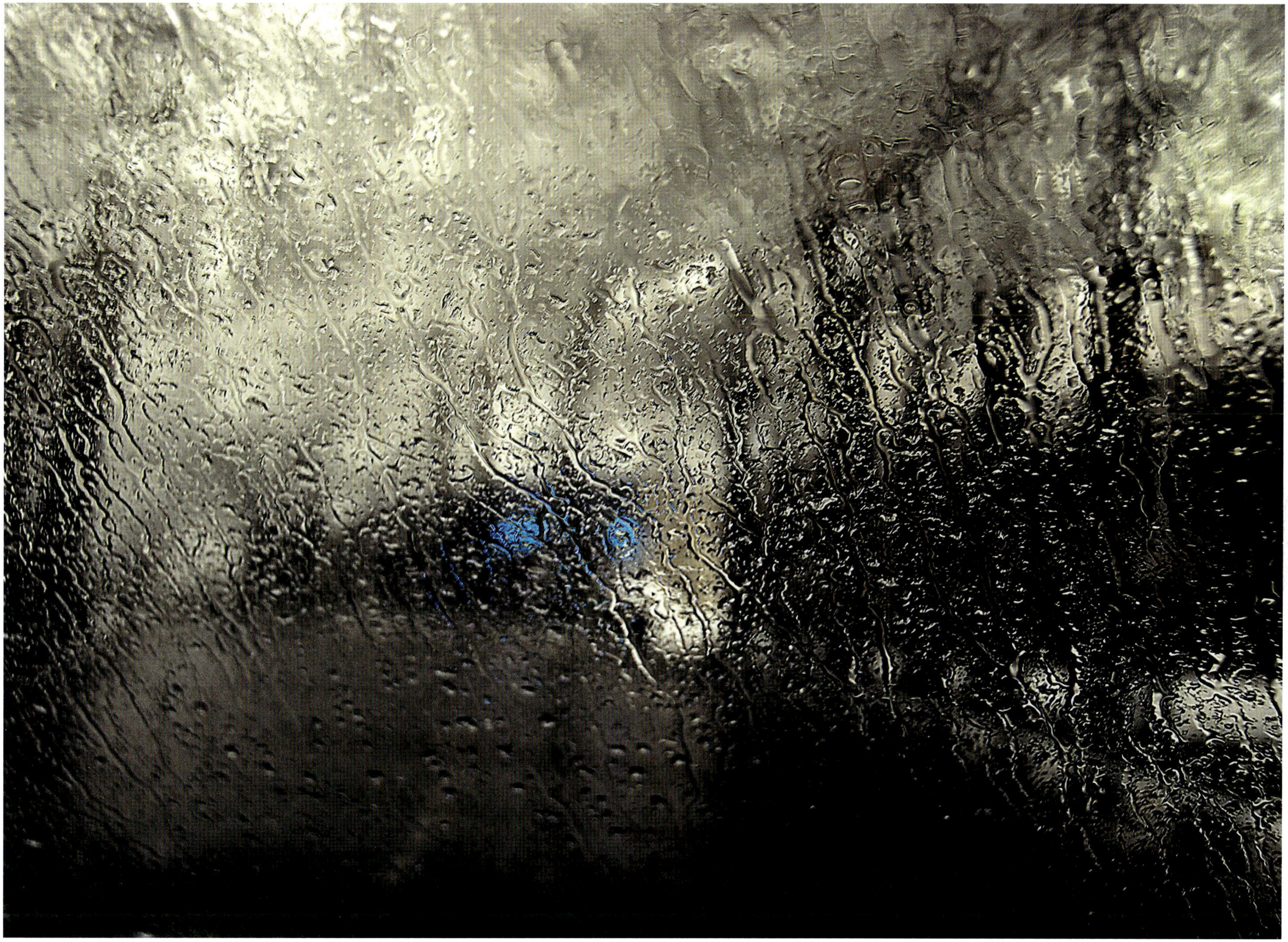

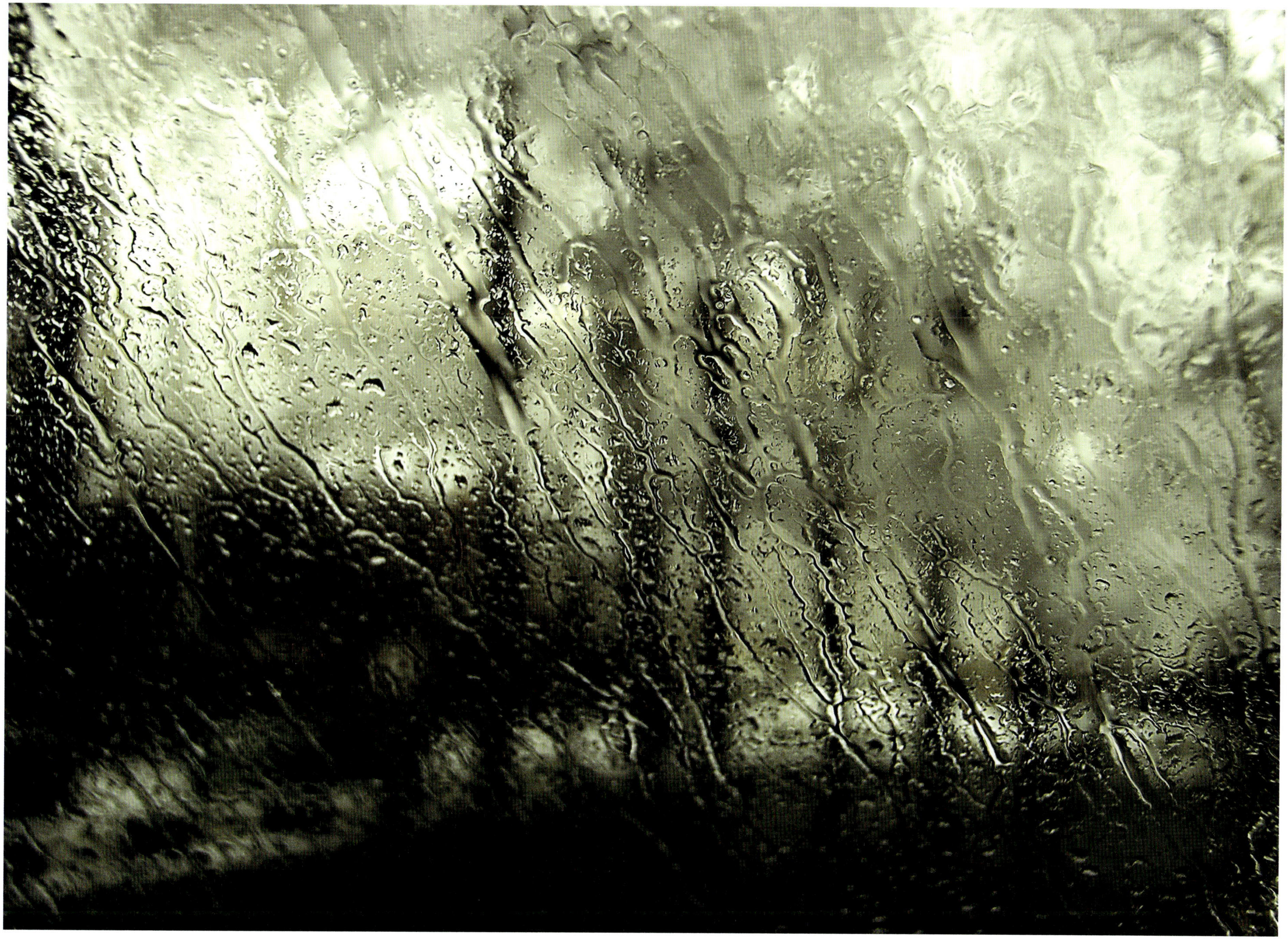

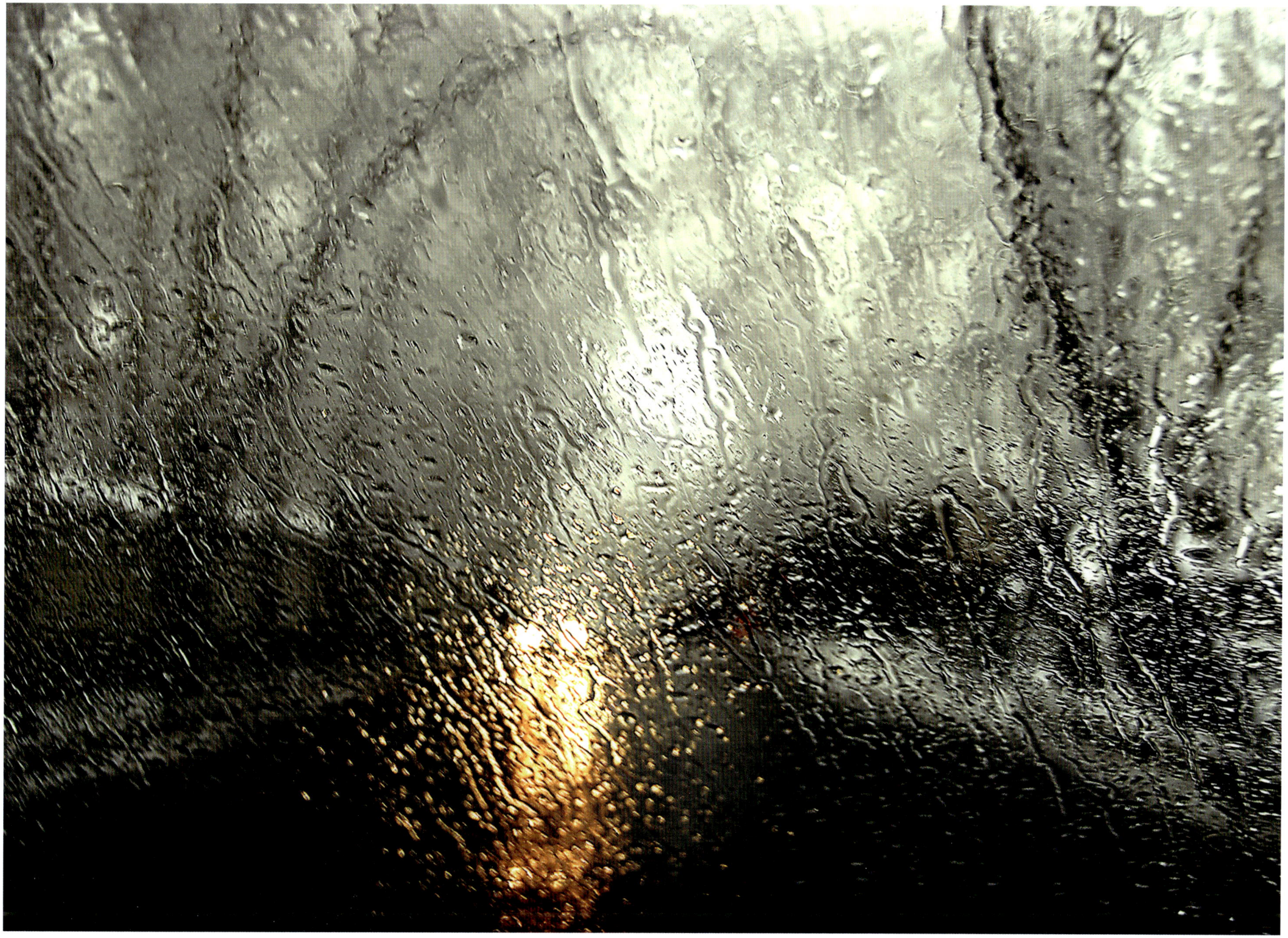

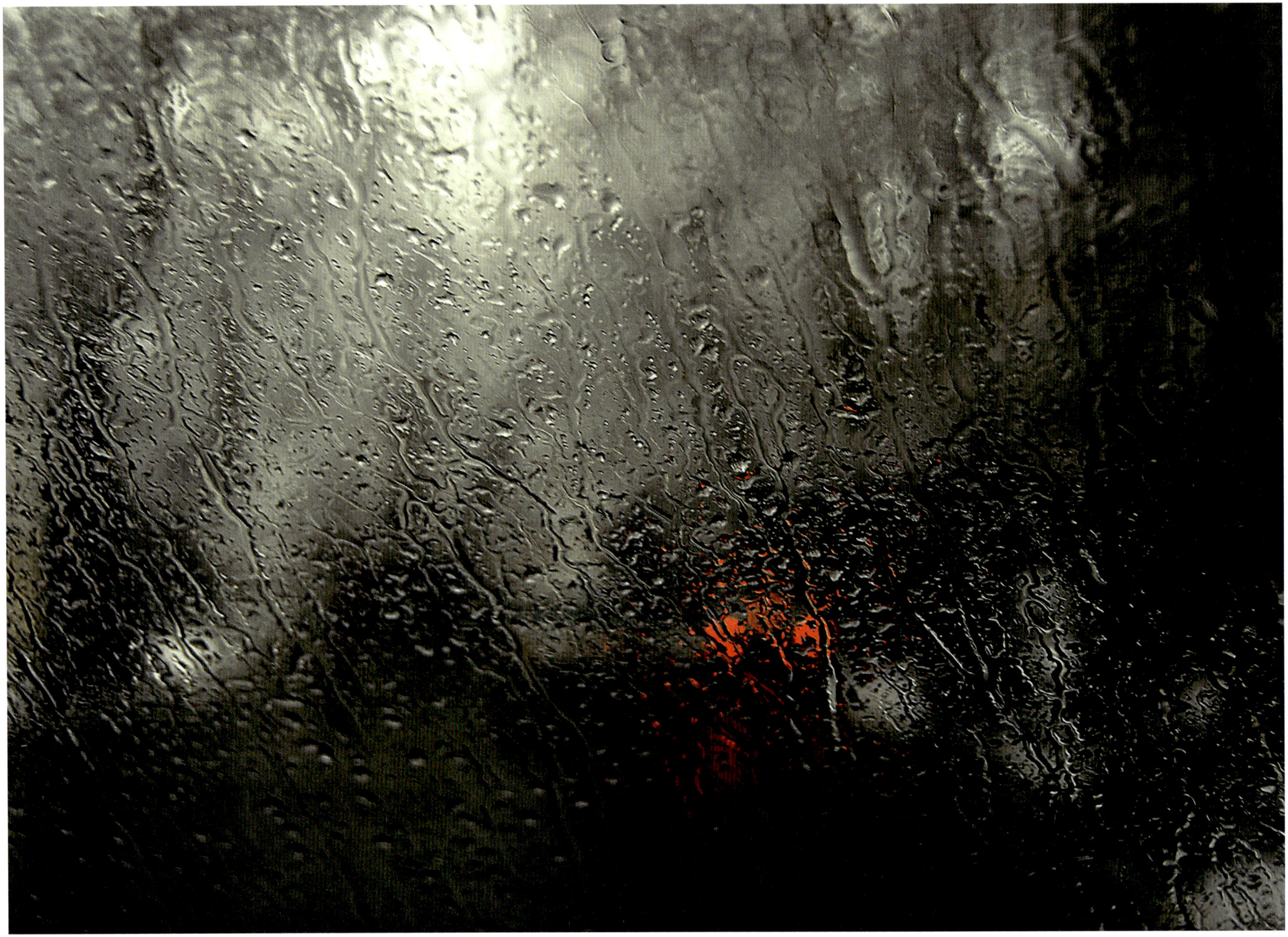

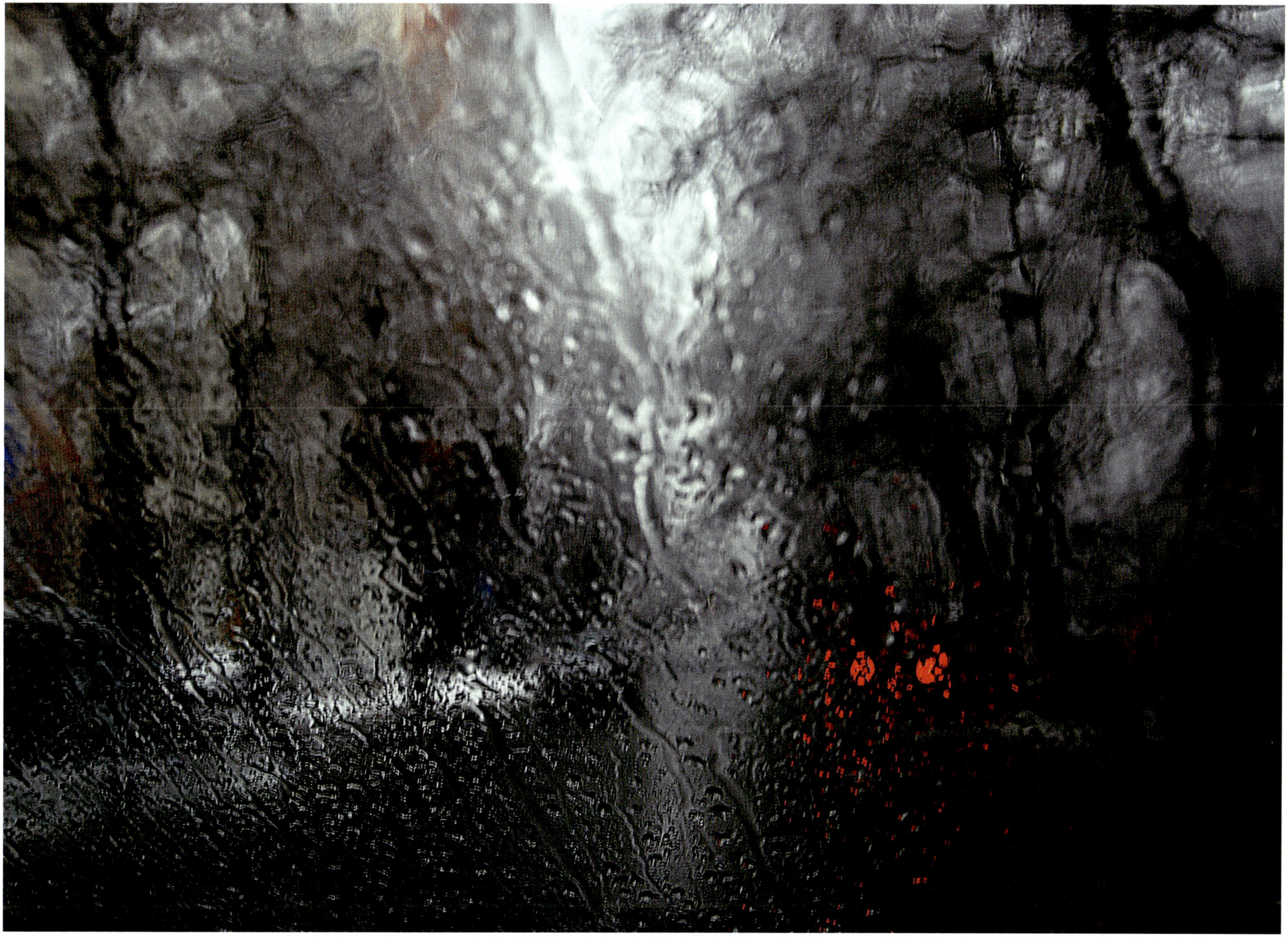

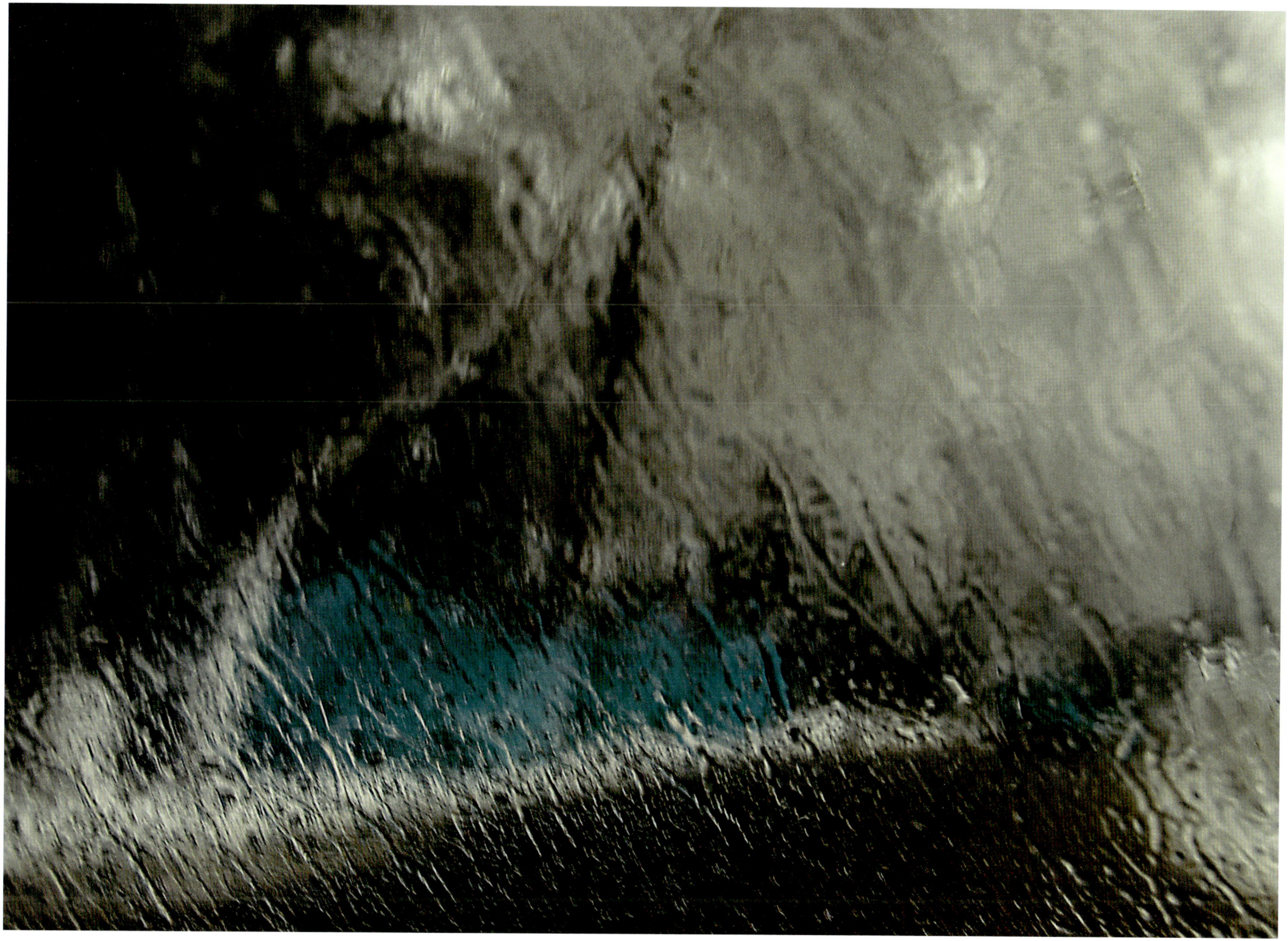

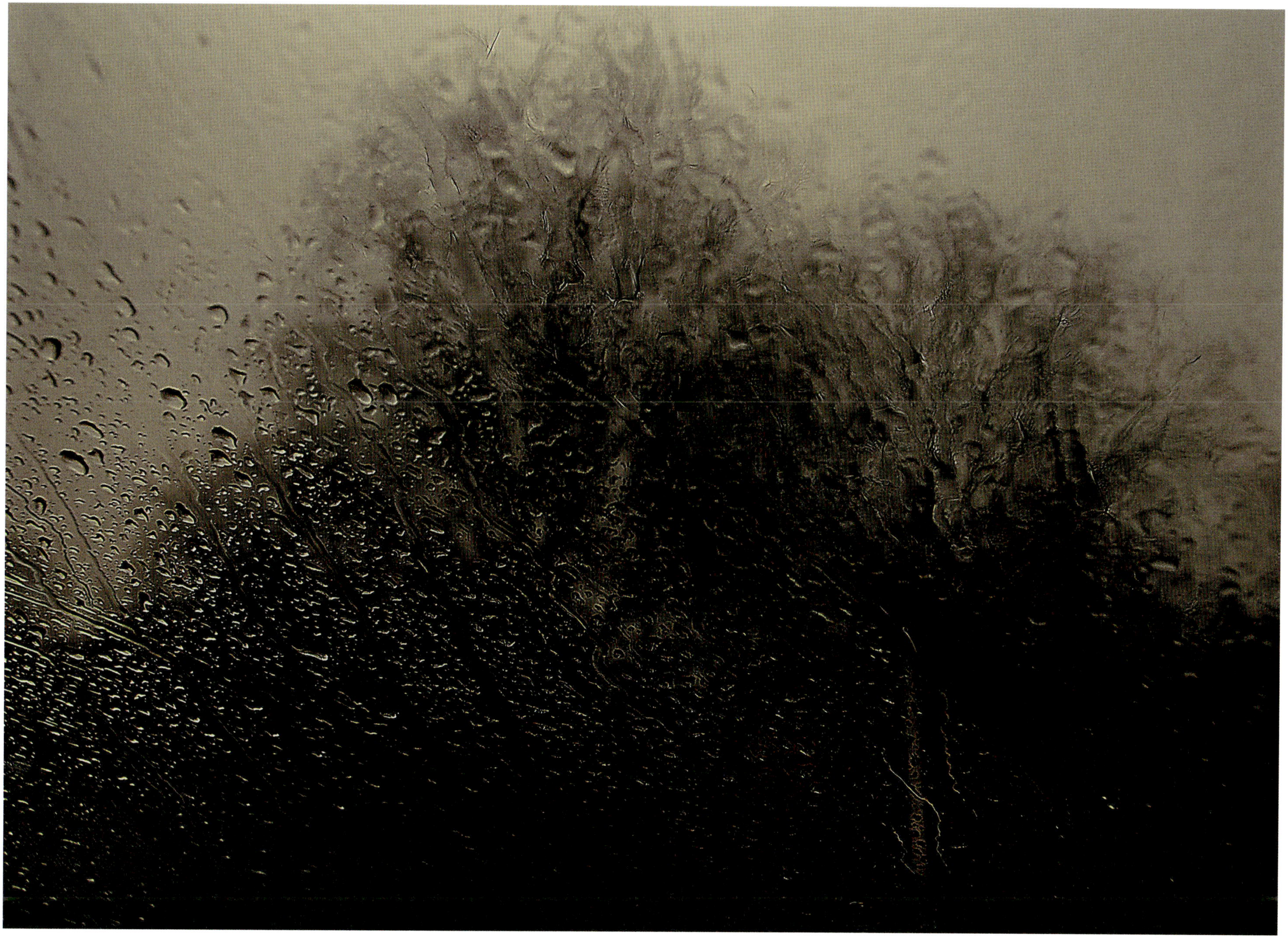

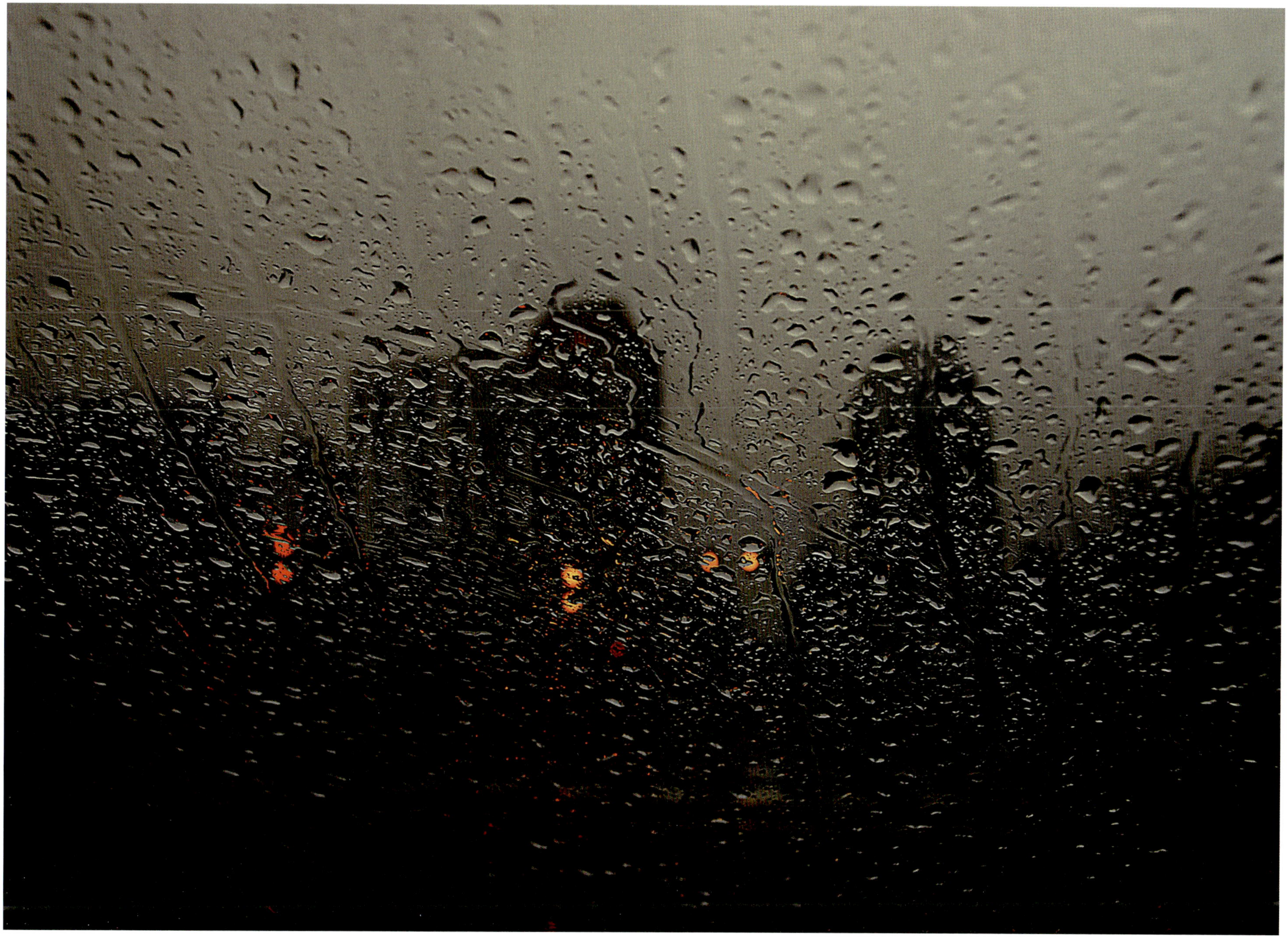

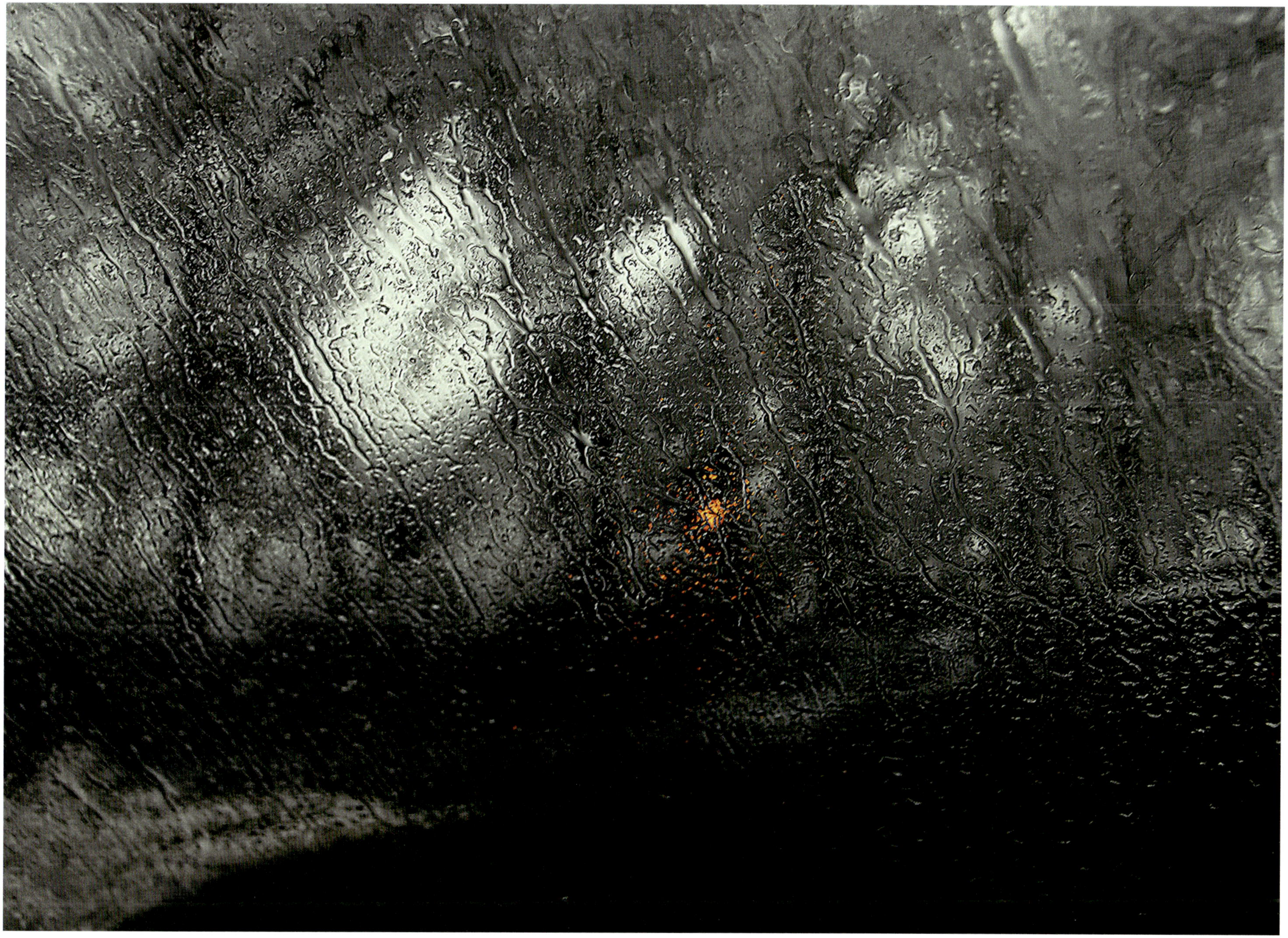

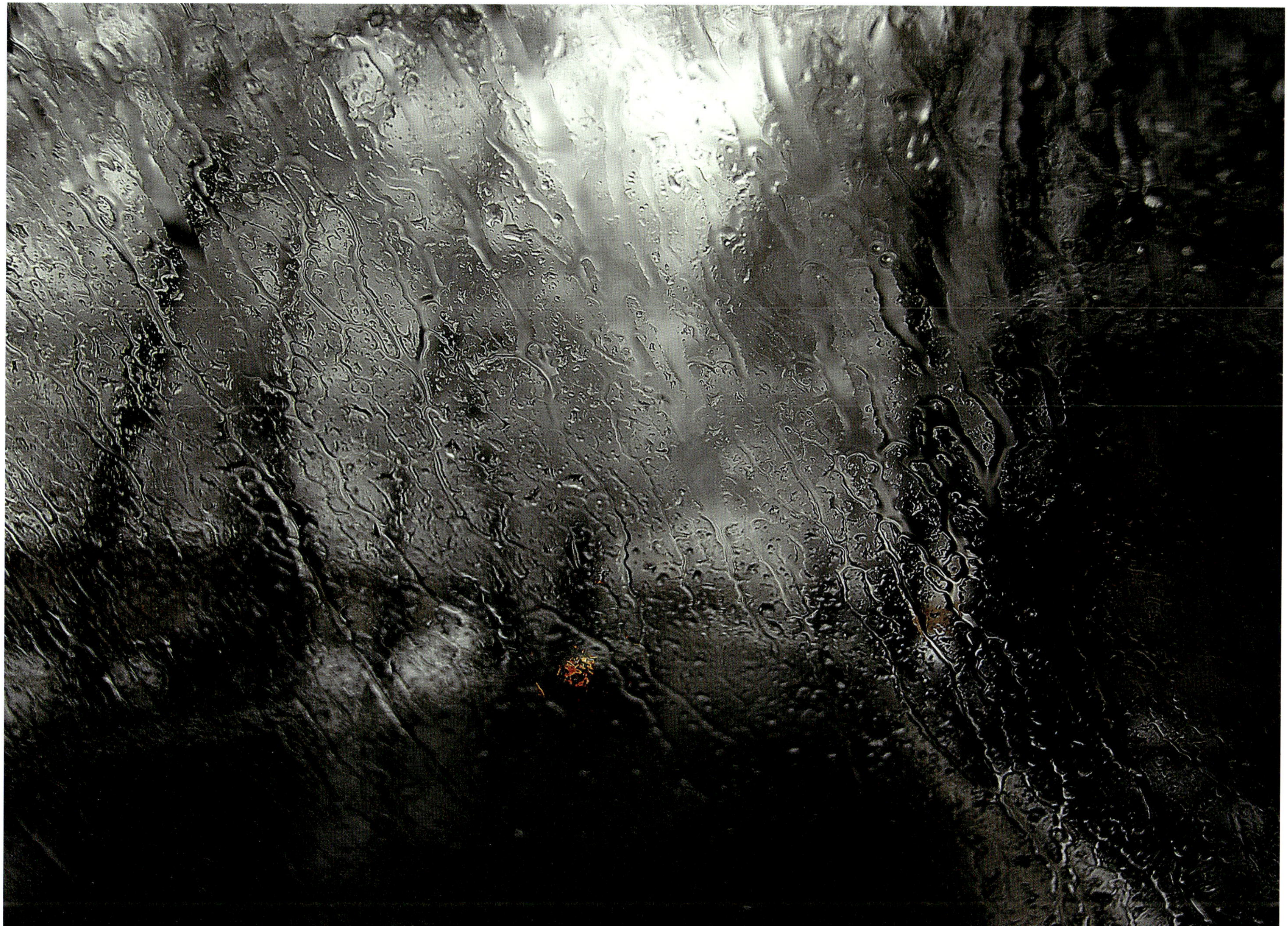

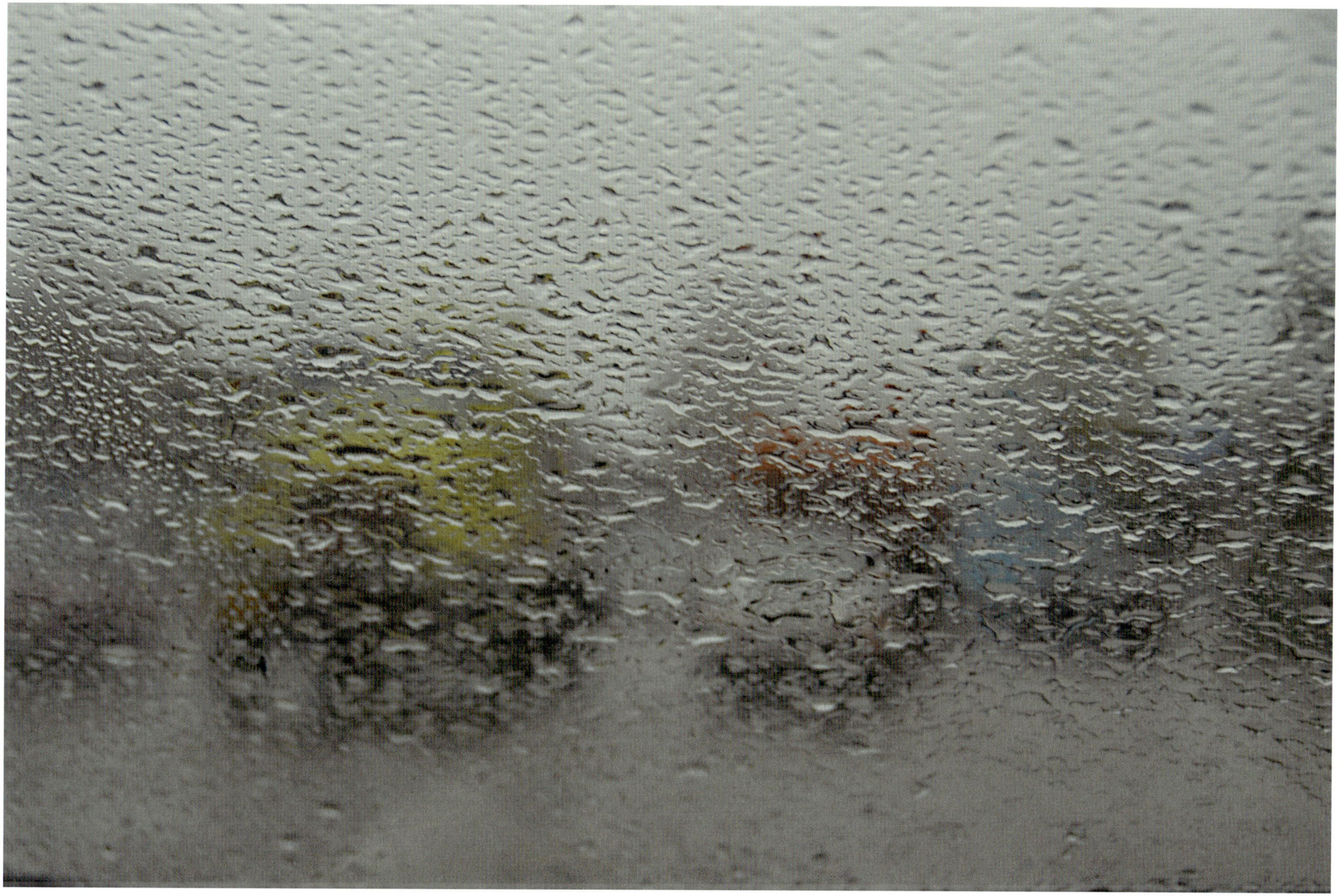

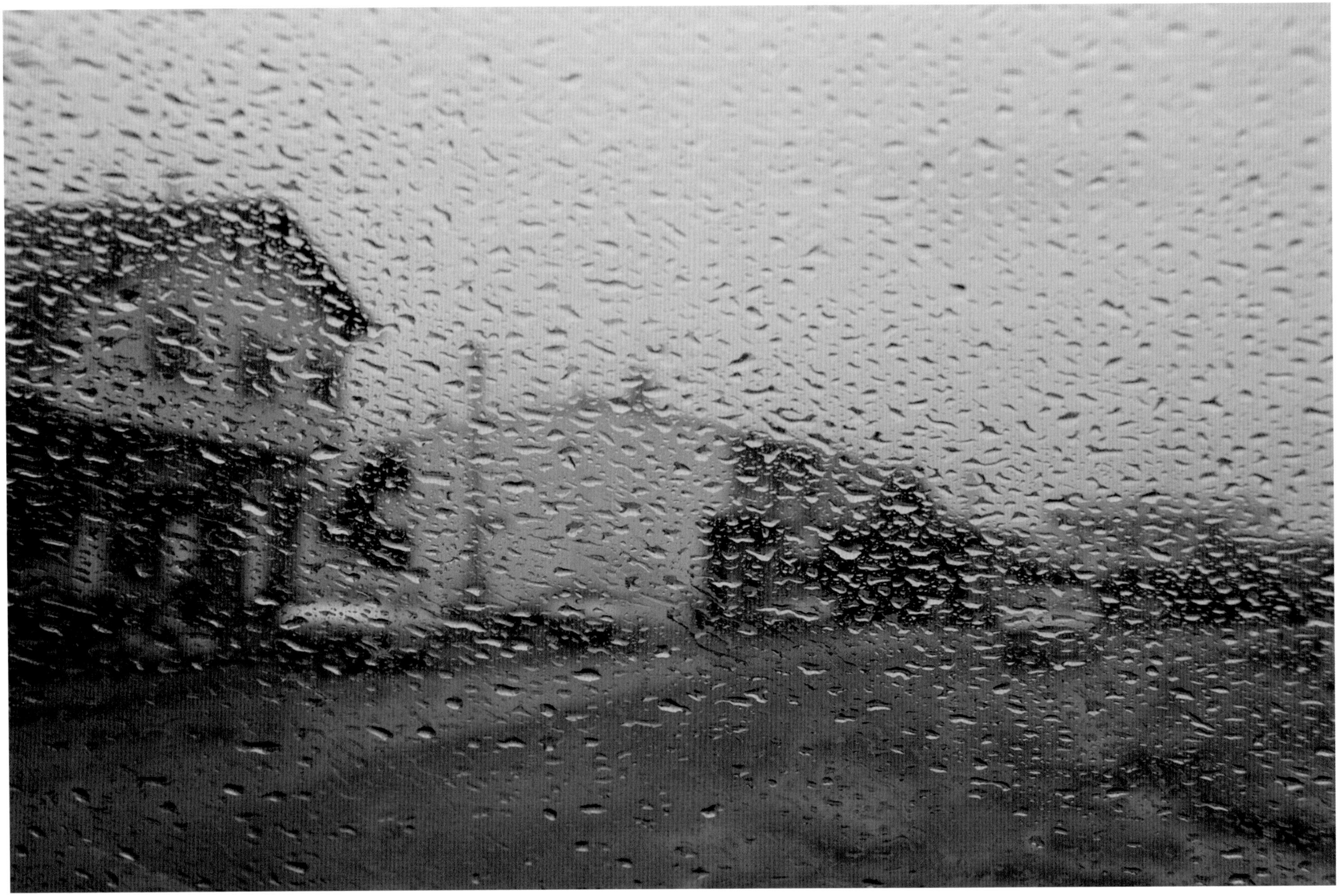

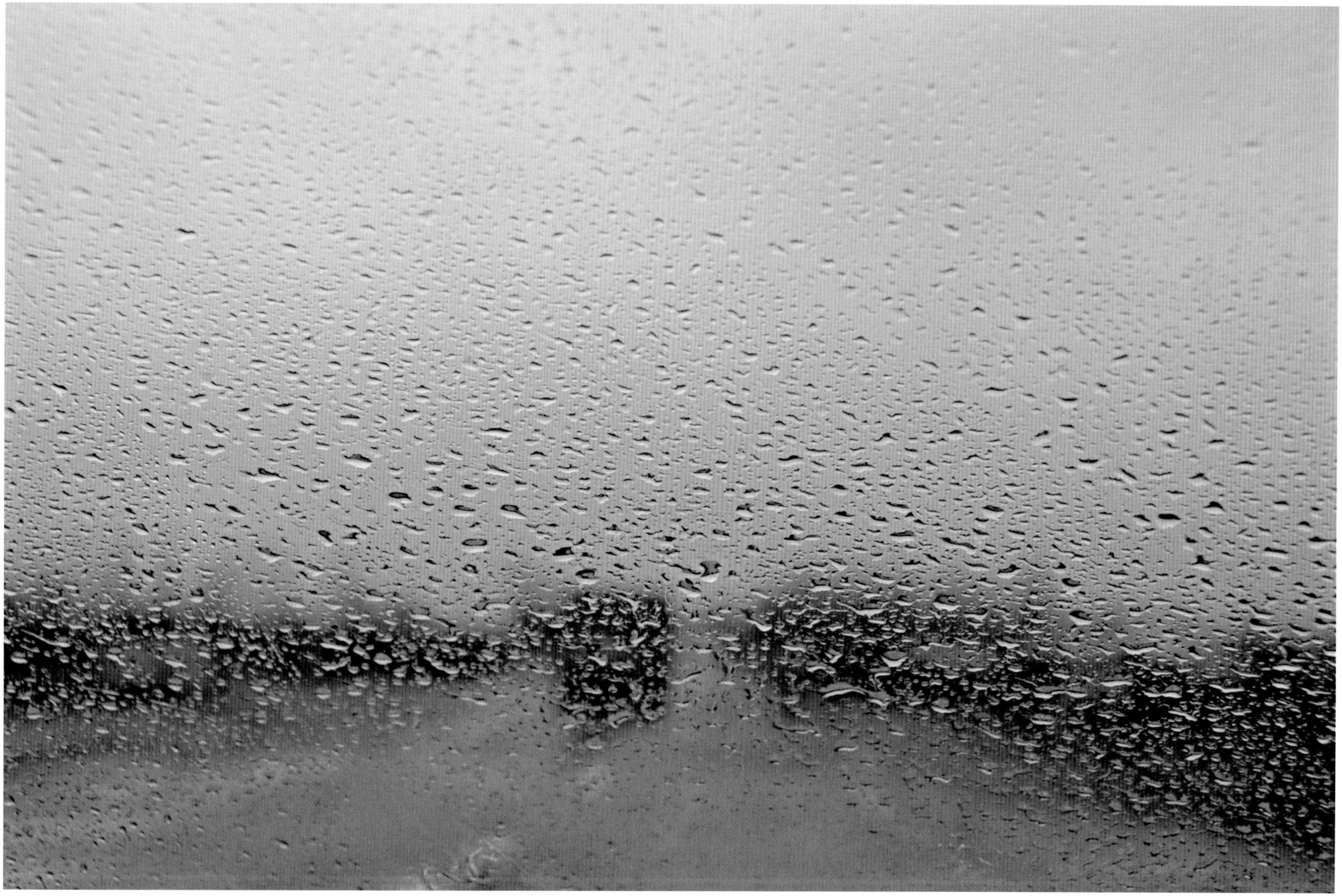

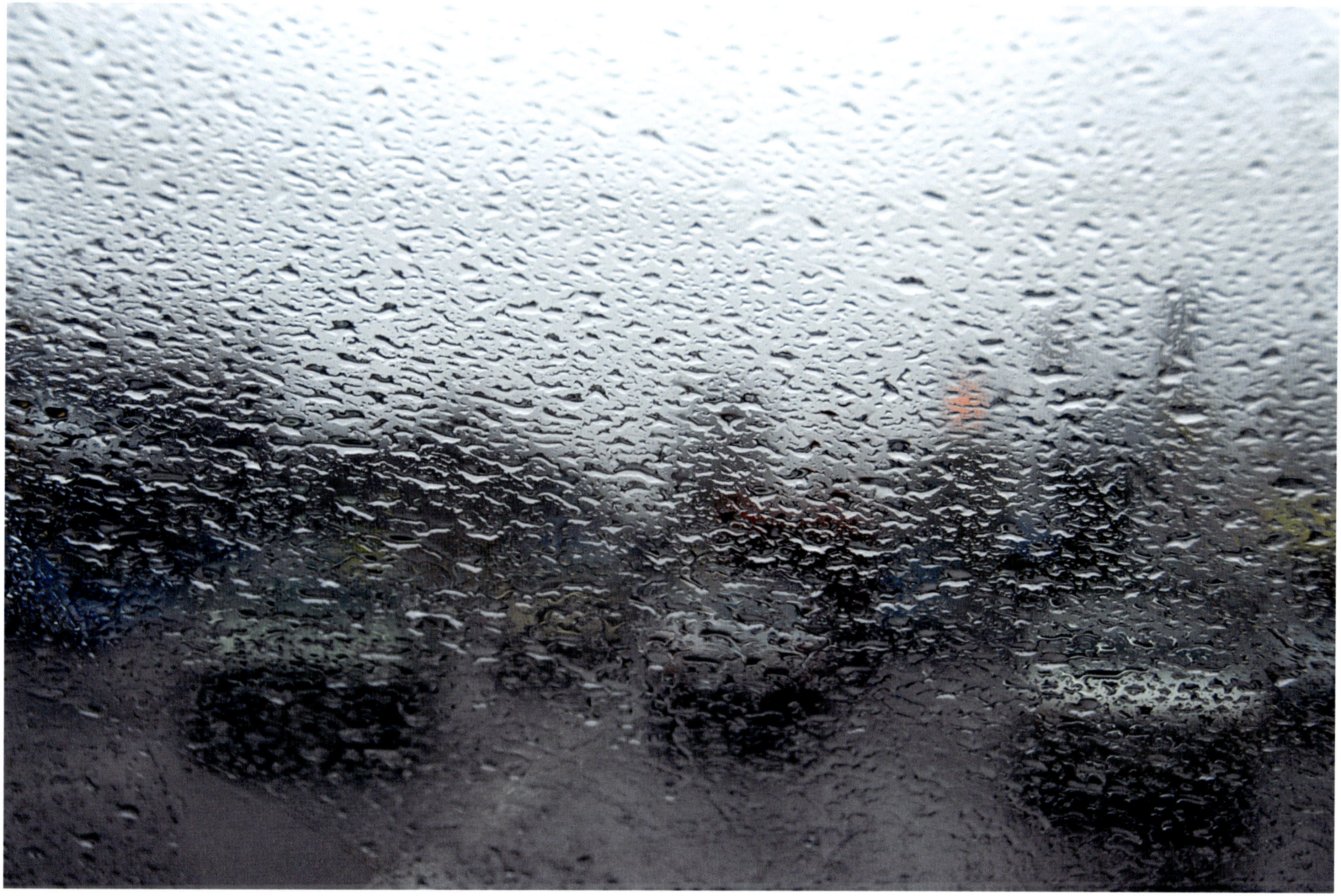

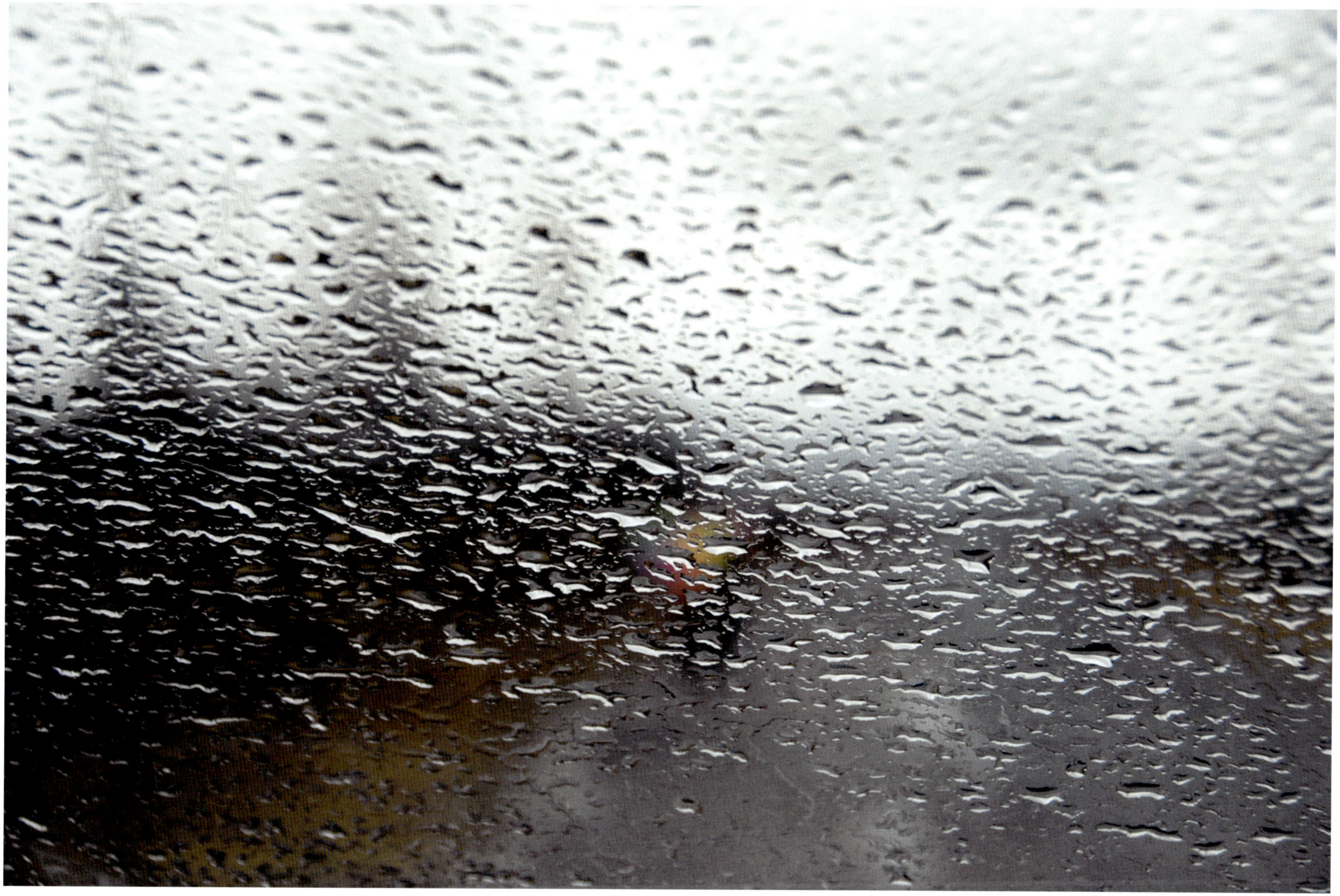

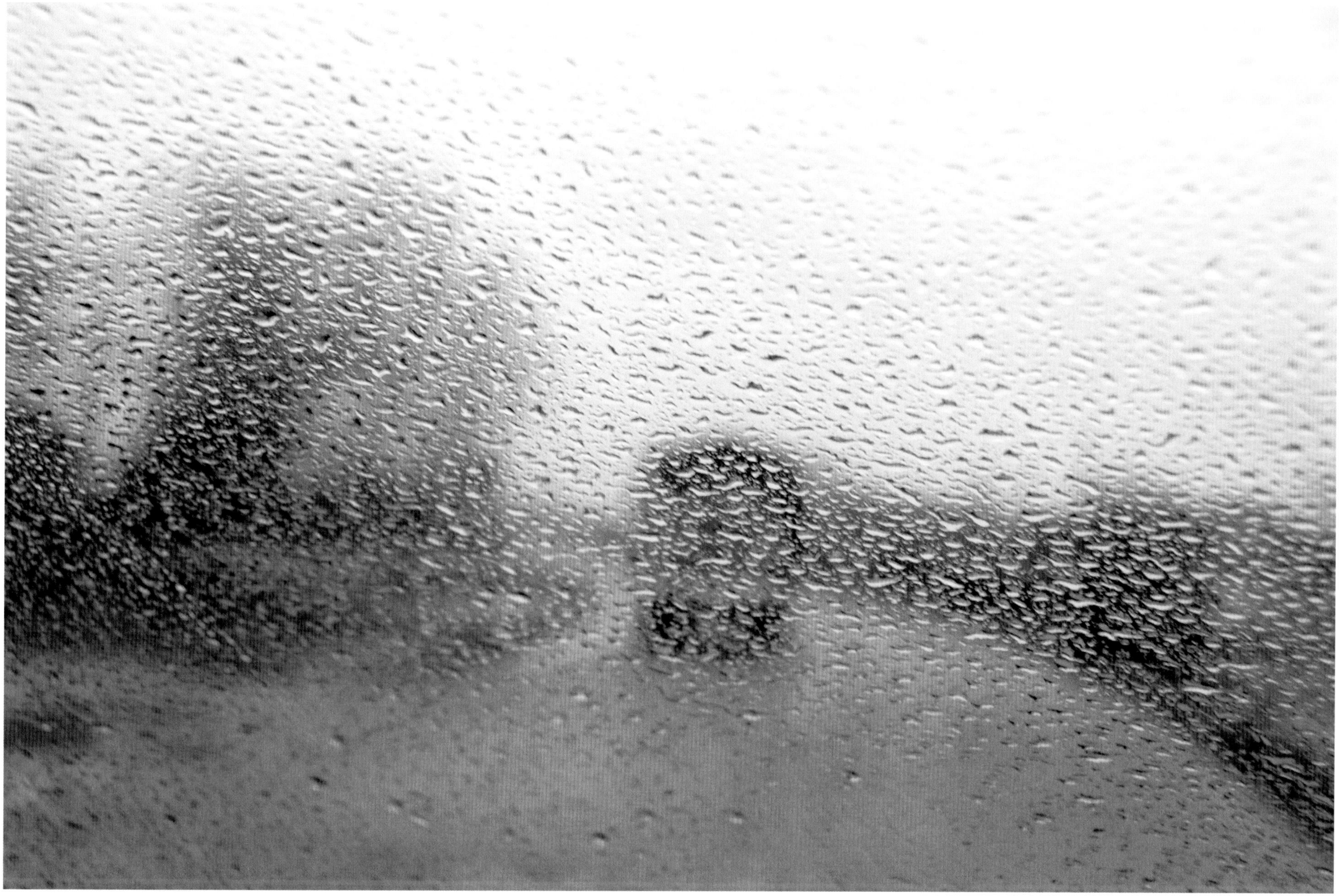

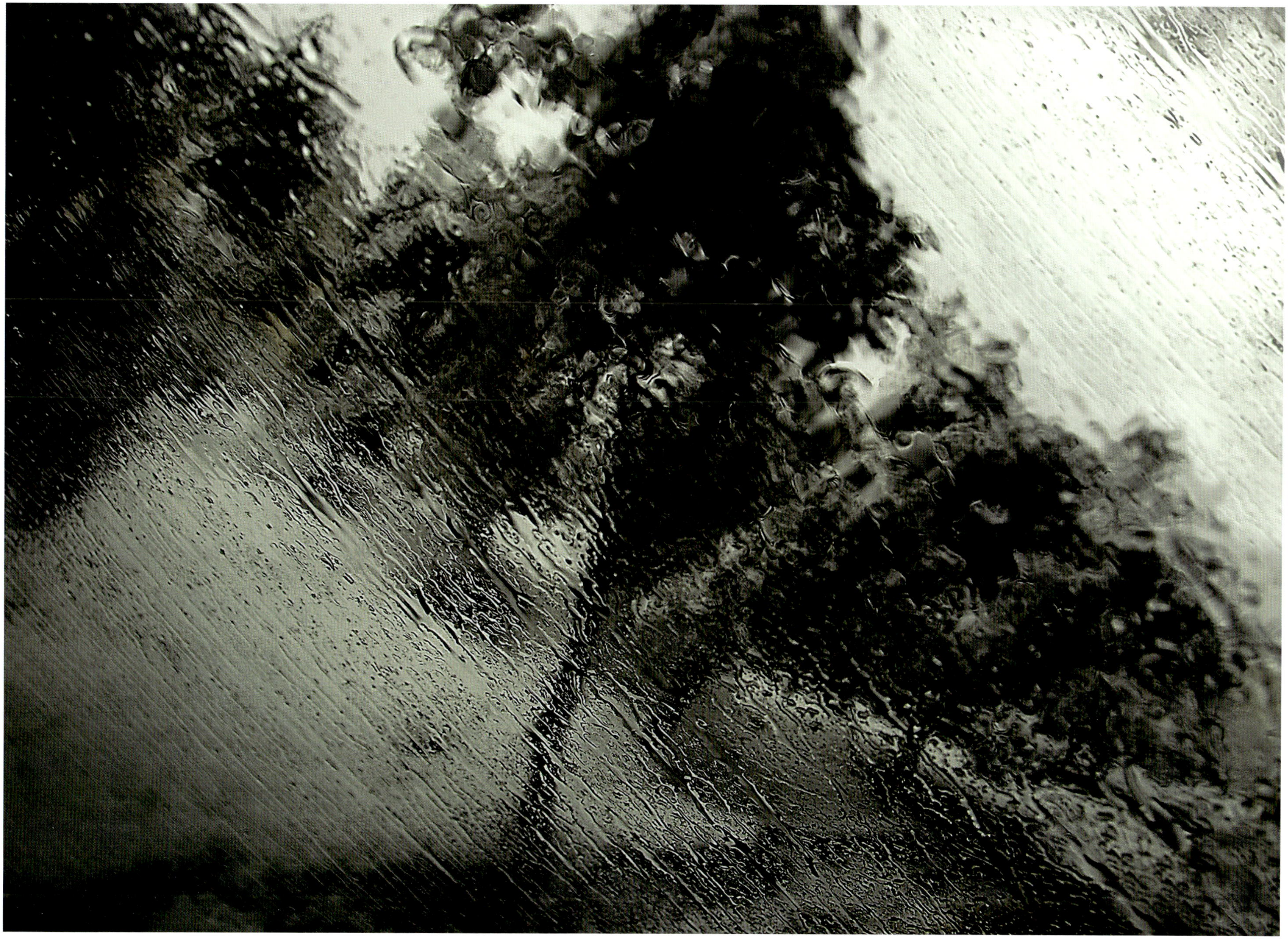

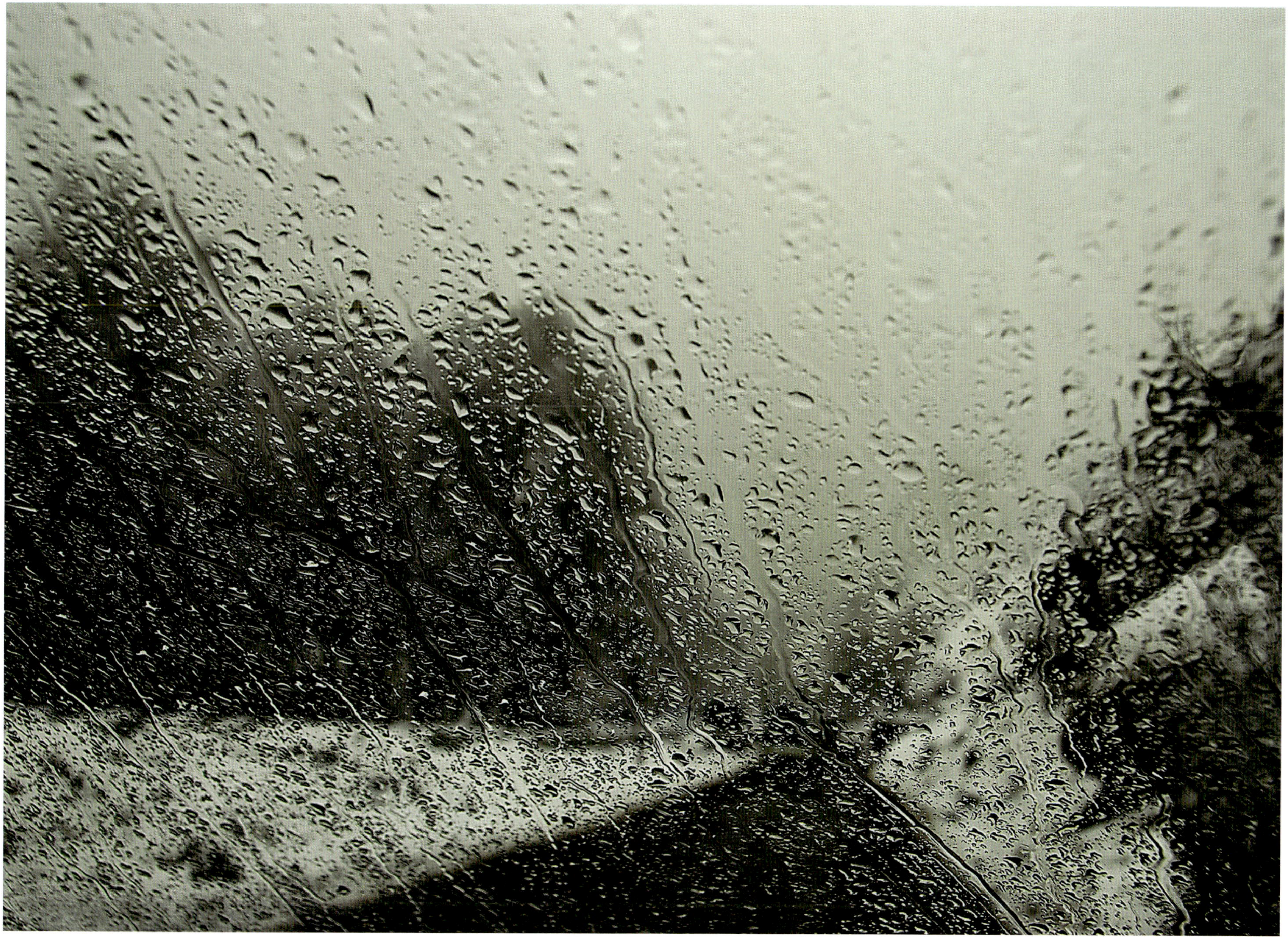

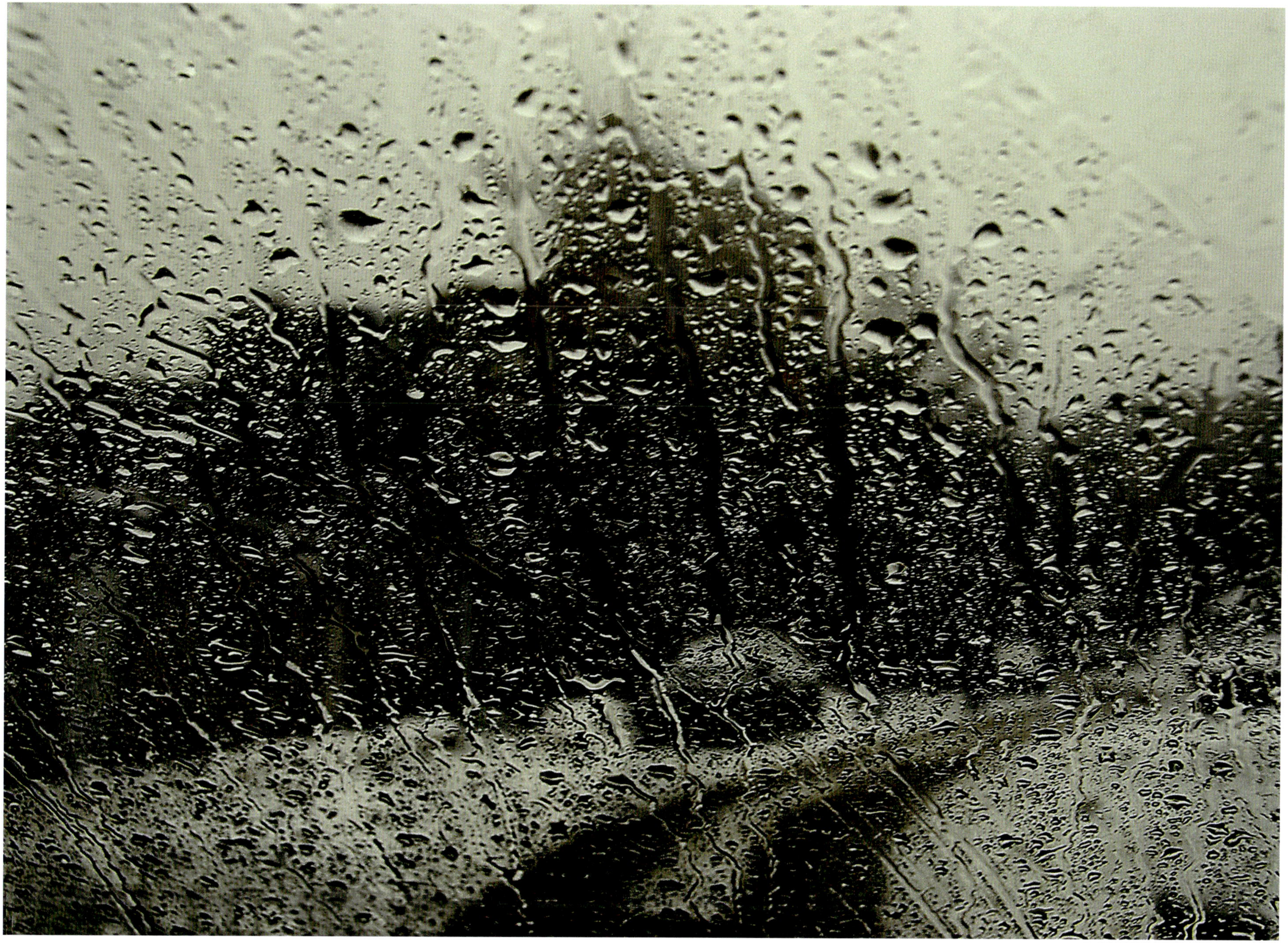

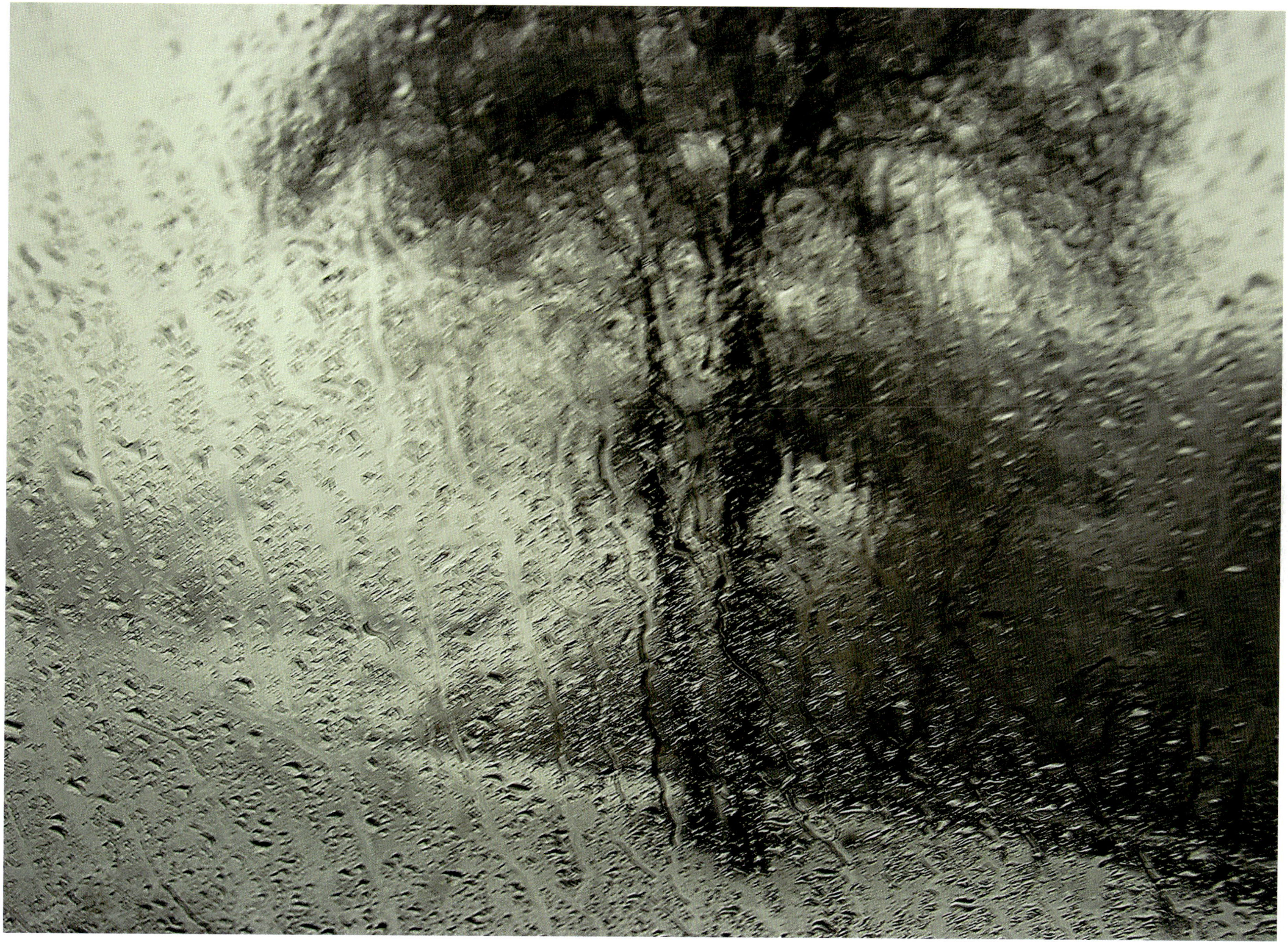

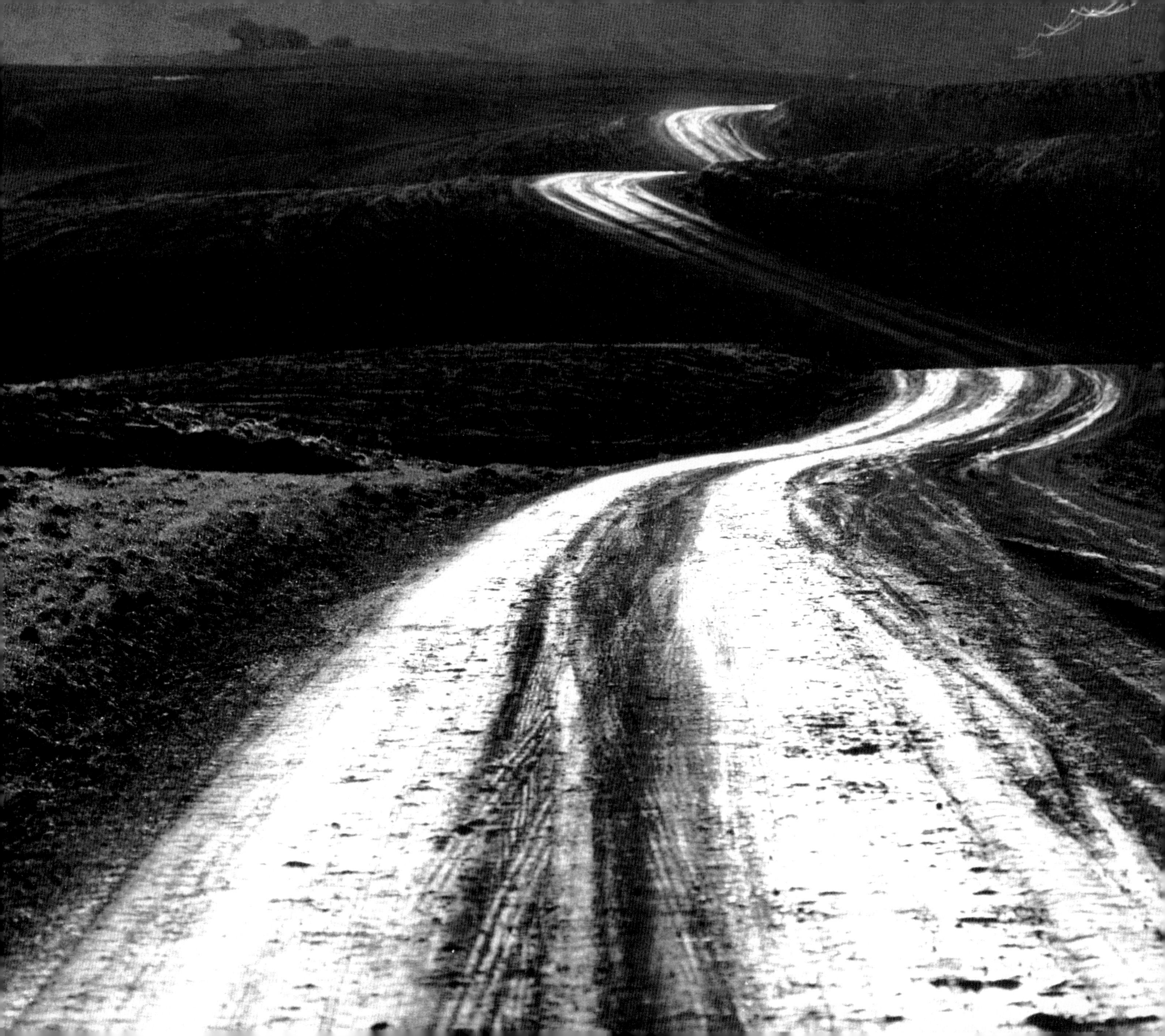

Zwischen Stille und Bewegung. Zu den Fotografien und Videos von Abbas Kiarostami

Silke von Berswordt-Wallrabe

»Ich wünschte, ich wäre mit rechteckigen Einfassungen um die Pupillen geboren, sodass ich die Gewohnheit hätte, alles durch diesen idealen Rahmen zu betrachten«, gestand Abbas Kiarostami einmal in einem Gespräch.[1] Der scheinbar extravagante Wunsch leuchtet sofort ein, wenn man sich in die Bildwelt begibt, die Kiarostami in seinen Filmen, vor allem aber auch in seinen Fotografien eröffnet. Die konzentrierte Arbeit des Blicks, die geduldige Suche nach dem einen prägnanten Ausschnitt, der aus der einen gewählten Ansicht von unzähligen ähnlichen schließlich ein geglücktes Bild macht, sind nicht nur – wie für jede andere fotografische Aufnahme auch – selbstverständliche Voraussetzung, sondern oft auch zumindest indirekt reflektiertes Thema von Kiarostamis Fotografien. Der Akt der bildkonstituierenden Rahmung definiert die entschiedene Auswahl einer Ansicht, hebt das darin Erfasste hervor und grenzt es von dem ab, was außerhalb bleibt. Eine solche Begrenzung, die nicht zuletzt auch die Distanz zwischen dem fotografischen Bild und seinen Betrachtern unterstreicht, dient allerdings nicht nur der Trennung, sondern ermöglicht auch Austausch- und Übergangsbewegungen, denen im Folgenden besondere Aufmerksamkeit gelten soll.

In Kiarostamis fotografischem Werk überwiegen Bilder von menschenleeren Landschaften. Nach eigenen Aussagen war es zunächst weniger ein Interesse an eigenständiger fotografischer Arbeit als vielmehr das Bedürfnis, sich allein aus dem städtischen Alltag in die Natur zu begeben, in Ruhe zu schauen und das Gesehene später mit anderen teilen zu können, was Kiarostami dazu brachte, Landschaftsansichten zu fotografieren.[2] Auch wenn diese Möglichkeit des kontemplativen Rückzugs eine anfängliche Motivation gewesen sein mag, zeugen die Beharrlichkeit und der Findungsreichtum, mit denen Kiarostami seit vielen Jahren sein fotografisches Werk vorantreibt, vor allem von einem grundsätzlichen Interesse an den Möglichkeiten der Fotografie und an einer darin sich vollziehenden Reflexion über das Sehen, über den Bezug zur sichtbaren Welt. Wenn es nun darum geht, die Besonderheiten von Kiarostamis fotografischem Blick zu beschreiben, kann dies nicht losgelöst von seinem filmischen Sehen geschehen. Es mag naheliegend erscheinen, diese beiden Bereiche seines Schaffens mithilfe des Gegensatzpaars von Stillstand und Bewegung kontrastierend voneinander abzugrenzen – hier die fotografisch stillgestellten Bilder, dort der Bewegungsfluss des Films. Richtet man das Augenmerk jedoch auf die durch Kiarostamis Werke ermöglichten Seh-Erfahrungen, wird schnell deutlich, dass eine so konventionelle Opposition der von Kiarostami geleisteten und vom Betrachter geforderten Arbeit des Blicks kaum gerecht werden kann. Stille und Bewegung, so der Ausgangspunkt der folgenden Überlegungen, bilden

1
Fotografie aus der Serie *Roads*
Photograph from the *Roads* series

in seinem Werk eher zwei aufeinander bezogene Pole, zwischen denen sich ein komplexes Bildgeschehen prozessual entfalten kann.

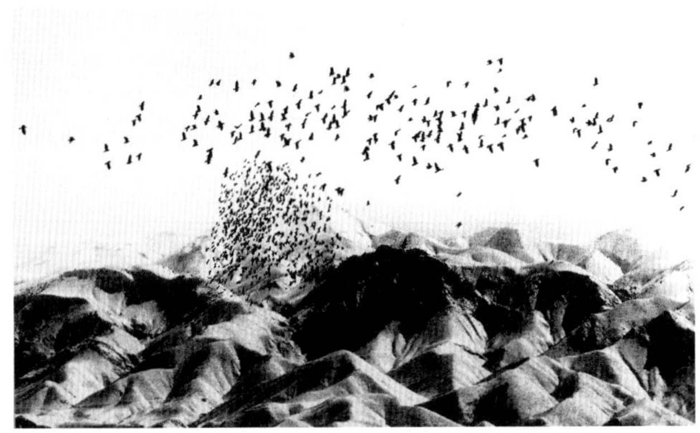

Undefinierbares Land, undefinierbare Zeit[3]

Nachdem Kiarostami seine fotografische Arbeit seit den späten 1970er-Jahren im Wechsel mit und ergänzend zu seinem filmischen Schaffen entwickelt hatte, fanden seine meist zu Werkgruppen zusammengefassten Fotografien seit den 1990er-Jahren über Ausstellungen und Publikationen ihren Weg an die Öffentlichkeit. So erschien beispielsweise 2004 der von Kiarostami mitgestaltete Bildband *Snow White*, dessen Untertitel *Photo Collection 1978–2004* den Schluss nahelegt, dass es sich hier um die vorläufige Quintessenz einer bis dahin schon mehr als fünfundzwanzigjährigen fotografischen Praxis handelt.[4] Der resümierende Rückblick verzichtet allerdings auf gängige Ordnungskriterien. Die einzelnen Werke in diesem Band sind – wie auch diejenigen in anderen Publikationen oder Ausstellungen zu Kiarostamis Fotografien – weder individuell betitelt noch datiert oder nummeriert. Als flexible Elemente einer weniger geplanten als vielmehr im Laufe der Jahre angewachsenen Serie belegen sie keine chronologischen oder thematischen Entwicklungslinien, sondern markieren ein offenes Interessensfeld; ähnlich offen benennt der Titel *Snow White* zwar einen Zustand oder eine Eigenschaft, blendet den Träger dieser Eigenschaft jedoch aus.

Die allein durch solche Details suggerierte Ort- und Zeitlosigkeit der fotografierten Landschaften korrespondiert mit dem Eindruck von Stille, Leere und Entrücktheit, der die Betrachtung zunächst bestimmt. Ganz offensichtlich geht es nicht um die Aufzeichnung bestimmter, identifizierbarer Regionen, sondern um eine bestimmte Atmosphäre und vor allem um einen Blick, der entschieden der Logik des gestalteten Bildes folgt. In diesem Sinn ist bereits die für diese Werkgruppe selbst gewählte Beschränkung auf Ansichten von verschneiten Landschaften bedeutsam, denn der titelgebende Schnee legt sich vereinheitlichend über charakteristische topografische Merkmale, hebt markante Ausformungen des jeweiligen Geländes glättend auf und erzeugt einen Eindruck von Weite. Die den zugrundeliegenden Ansichten somit schon innewohnende Klarheit und Abstraktheit steigert Kiarostami, indem er die unter dem Titel *Snow White* zusammengefassten Fotografien durchgehend in Schwarzweiß drucken lässt, darunter auch solche Motive, die zuvor in anderen Kontexten in Farbe abgezogen waren. Während Schnee sich in Farbfotografien durch verschiedenste Lichtreflexe immer mehr oder weniger farbig darstellt, ermöglichen Schwarz-Weiß-Abzüge neben differenzierten Grauabstufungen auch scharfe Hell-Dunkel-Kontraste mit zuweilen rein weißen Partien. Diese verbinden sich mit dem Weiß des Fotopapiers und ermöglichen somit ein für Fotografien untypisches Verhältnis von Figur und Grund, beziehungsweise in diesem Fall eher noch von Fülle und Leere. Der (nachträgliche) Entzug von Farbigkeit betont somit die grafischen Qualitäten und unterstreicht dadurch die Fremdheit und die inszenierte Bildhaftigkeit der gewählten Ansichten.

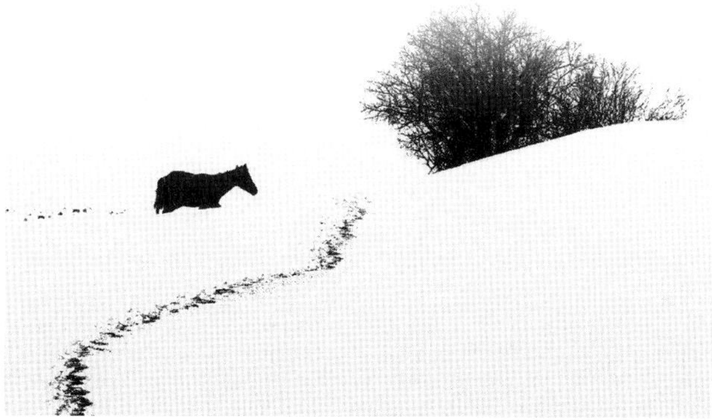

2+3
Fotografien aus der Serie *Snow White*
Photographs from the *Snow White* series
1978–2004

Der unbestimmten Weite der Landschaften begegnet Kiarostami mit der Wahl oft überraschender Ausschnitte. Neben Blicken in eine kaum zu ermessende Ferne finden sich vor allem Ansichten mit extrem hoch angesetzten Horizonten oder solche, die gänzlich auf einen Horizont verzichten und sich anstelle einer tiefenräumlichen Erschließung entschieden der Zweidimensionalität verpflichten.[5] Einige wiederkehrende, zum Teil auch miteinander kombinierte Strategien dienen der zumeist dezentralen, unhierarchischen Organisation der auf diese Weise gewonnenen Bildfläche. So finden sich etwa Ansichten, in denen vereinzelte Bäume oder Baumgruppen im Wechselspiel mit gleichmäßig verschneiten Flächen eine Spannung von Verdichtung und Offenheit inszenieren. In anderen Fotografien strukturieren Bäume, Stromleitungen oder Zaunpfähle die Bildebene, oft in rhythmisch-seriellen Anordnungen, die sich über die Bildgrenzen hinweg in Richtung auf ein weiterreichendes Kontinuum fortdenken lassen. Diese das Bildformat tendenziell überschreitenden Reihungen, zumeist von Bäumen, stehen in ergänzendem Austausch mit ihren sich scharf abzeichnenden Schatten, denen die Schneeflächen einen idealen Fond bieten. Indem diese Schatten sich ebenso wie die schattenwerfenden Objekte im Wesentlichen als grafische Elemente darstellen, scheinen gängige Unterscheidungen zwischen Materialität und Immaterialität sowie zwischen Körperlichkeit und Fläche in Frage gestellt. Besonders frappierend wirkt schließlich eine zuweilen radikale Fragmentierung. Bei solchen Ansichten erfolgt der bildbegrenzende Schnitt zum Beispiel zwischen dem Stamm und der nicht mehr im Blickfeld befindlichen Krone eines Baumes, die jedoch indirekt, über den Schattenwurf, von außen in das Bild zurückkehrt. Ein ähnlich stimulierender Austausch zwischen innerbildlich erfassten und außerhalb zu vermutenden Elementen beziehungsweise zwischen Anwesenheit und Abwesenheit deutet sich zum Beispiel durch Fußspuren im Schnee an, die ohne erkennbare Richtung von einer Bildkante zu einer anderen, in das Blickfeld hinein und wieder hinaus führen. Es sind jedoch nicht nur solche Spuren von vergangenen oder Momentaufnahmen von noch ersichtlichen Bewegungen (wie etwa der eines Vogelschwarms oder eines schreitendes Pferdes, Abb. 2 und 3), die mit Ansätzen von Narration und Verweisen auf Ephemeres den anfänglichen Eindruck von Stille und Stillstand relativieren und in den zunächst so zeitlos anmutenden Landschaften verschiedene Ebenen von Zeitlichkeit eröffnen. So lassen beispielsweise auch die gezielt in die Flächengestaltung einbezogenen Schattenwürfe darauf schließen, dass oft lange Wartezeiten notwendig waren, um die gewünschte, wie konstruiert wirkende Ansicht einfangen zu können; zugleich rückt das Wissen um die Flüchtigkeit der jeweils festgehaltenen Licht-Schatten-Konstellation die Besonderheit eines solchen geglückten Moments ins Bewusstsein. Vor allem wird aber bei längerer Betrachtung auch ersichtlich, dass die skizzierten Maßnahmen zur Bildgestaltung – spannungsvoller Wechsel von Fülle und Leere, rhythmische Reihungen bis hin zu seriellem All-Over sowie abrupte Ausschnitte und Fragmentierungen – nicht nur der formal-ornamentalen Flächenorganisation dienen, sondern sich vor allem als Impulse verstehen lassen, die den Blick des Betrachters in Bewegung versetzen und über diese Bewegung wesentlich auch die Zeit der Betrachtung erfahrbar werden lassen. Das Bewusstsein für den fotografischen Akt verbindet sich so mit einem gesteigerten Bewusstsein für die eigene Aktivität des Sehens, dessen Aktualität und zwangsläufige Begrenztheit sich im Kontrast zur Beständigkeit des fotografischen Bildes wie auch zur Unbegrenztheit der landschaftlichen Szenerie erfahren lässt.

Fotografie in Bewegung

Zum Verhältnis von Film und Fotografie befragt, betont Kiarostami die grundlegende Bedeutung des fotografischen Sehens, insbesondere hinsichtlich der Rahmung des Blicks.[6] Entsprechend kommt auch in den fünf langen Aufnahmen des Films *Five* (2003) der einmal erfolgten Wahl des Bildausschnitts eine wesentliche Bedeutung zu, denn die Kamera bleibt hier in jeder Sequenz nahezu unbewegt.[7] Durch diese stoische Fixierung des Blickfelds können sich die zum Teil nur geringfügigen Bewegungen der vergleichsweise schlicht anmutenden Geschehnisse umso klarer abzeichnen: Ein Stück Holz treibt in der Brandung und bricht entzwei – die beiden Teile bewegen sich daraufhin von den Wellen getragen voneinander fort, eines verlässt den Rahmen und kehrt nach einer Weile ins Bild zurück. Wege von Passanten auf einer Strandpromenade kreuzen und verlieren sich. Hunde ruhen in der Dämmerung am Strand. Eine Schar lärmender Enten durchläuft das Blickfeld erst in die eine, dann zurück in die andere Richtung. Im letzten Teil-Film spiegelt sich schließlich Mondlicht im Wasser, zuweilen wird der Mond von Wolken verdeckt, dann herrscht jeweils völlige Dunkelheit, in der man sich ganz auf die nächtliche Geräuschkulisse konzentrieren kann. Den akustischen wie visuellen Hintergrund für alle fünf Einzelepisoden bildet die Meeresbrandung, deren endlos zyklisches Rauschen allein schon einen Widerpart für lineare Erzählstränge zu bilden scheint. In dem Maß, in dem gelenkte Handlungen zurücktreten, können sich natürliche Phänomene und Ereignisse – wechselndes Licht, Wind, Wolken, Regen – anschaulich entfalten; diese Phänomene filmisch aufzunehmen, heißt zu einem gewissen Grad auch, sie gelassen hinzunehmen. Ähnlich wie in dem Video *Sea Gulls' Eggs* (2007), das die Spannung zwischen einem statisch verharrenden Felsen, der Fragilität dreier Möweneier und der gewaltigen Kraft der Meeresbrandung erfahrbar macht, geht es in den fünf Sequenzen von *Five* vor allem um der Anschauung dargebotene, jeweils in ihrem So-Sein relevante Situationen. *Five* eröffnet somit still bewegte Zwischenbilder, die unter anderem mit Wiederholungen, Verzögerungen und teilweise annäherndem Stillstand zum geduldigen Schauen anregen und über die Erfahrung einer gedehnten Dauer verdichtete Erfahrungen von gelebter Zeit ermöglichen.

Eine in der Spannung von Stillstand und Bewegung greifbar werdende Verzeitlichung sowie das Verhältnis von fotografischem und filmischem Sehen sind schließlich wesentliche Themen des 2005 entstandenen Kurzfilms *Roads of Kiarostami*. Blicke auf Straßen, die sich scheinbar endlos durch einsame Landschaften winden, um sich irgendwo in der Ferne zu verlieren, zählen zu den konstant wiederkehrenden Motiven in Kiarostamis Filmen und Fotografien. Der Film *Roads of Kiarostami* führt beide Bereiche zusammen, indem sich die Kamera zunächst nicht auf reale Straßen, sondern auf einige von Kiarostamis

4
Fotografie aus der Serie *Snow White*
Photograph from the *Snow White* series
1978–2004

Straßen-Fotografien richtet (Abb. 1, 9–11).[8] Unterlegt von getragener Musik folgt die Kamera langsam den Kurven einer Straße, wechselt behutsam zwischen Details und Totalen, zoomt in die Ferne und zuweilen auch wieder zurück. Während die statische Kadrierung in *Five* die Aufmerksamkeit für innerbildliche Bewegungen schärft, wird in *Roads of Kiarostami* der ursprünglich fixierte Rahmen der Fotografien durch die Bewegung der Kamera elastisch. Dem dadurch vorgegebenen, gleichmäßig geschmeidigen Bewegungsfluss entsprechend folgen die einzelnen Fotografien nicht durch Schnitte getrennt, sondern in allmählichen Überblendungen aufeinander. Die verschiedenartigen Bewegungen bleiben jedoch seltsam unwirklich und erhöhen in ihrer Fremdheit den Eindruck von der Statik und von der Ferne des fotografierten Bildes, betonen also letztlich über die Verfremdung dessen charakteristische Eigenschaften. Die Sequenzen mit Kamerafahrten über Landschaftsfotografien wechseln in der Folge mit ebenfalls in Schwarzweiß aufgenommenen Filmsequenzen von Autofahrten durch reale Landschaften. Immer wieder folgt die Kamera aus einiger Distanz dem Weg eines Autos über einsame Landstraßen, unterlegt mit von Kiarostami aus dem Off vorgetragenen Gedanken und Gedichtrezitationen zum Thema Weg und Straße. Auf diese Weise erhält der Film nicht nur den Charakter einer foto- und filmtheoretischen Reflexion, sondern auch einer ausdrücklich persönlichen, melancholisch gestimmten Stellungnahme.

Straßen implizieren wie kaum ein anderes Motiv Bewegung und Entwicklung. Sie leiten den Blick des Betrachters geradewegs oder durch Kurven in die Ferne und vermitteln auf diese Weise zwischen einem Hier und einem Anderswo, zwischen der erlebten Vergangenheit und Gegenwart und einer noch offenen Zukunft. Entsprechend verbinden sich mit dem Motiv der Straße stets Assoziationen von Sehnsucht und Freiheit, aber auch von Rastlosigkeit und Ungewissheit, und so stehen Straßen nicht zuletzt für den Verlauf individueller Lebenswege. Youssef Ishaghpour verweist zudem auf Parallelen zwischen der raumzeitlichen Kontinuität der Straße und der nachvollziehbaren Film-Werdung von *Roads of Kiarostami*.[9] Kiarostami verknüpft all diese durch das Zusammenspiel von Bildern, Worten und musikalischer Begleitung aufscheinenden Implikationen noch nachdrücklicher mit der eigenen Aktivität, indem er im letzten Drittel des Films selbst im Bild erscheint, und zwar in seiner Tätigkeit als Fotograf. Kurze Sequenzen, in denen er zunächst aus dem Auto heraus einen Hund am Straßenrand fotografiert und später mit dem Fotoapparat durch eine verschneite Landschaft geht, wechseln mit gefilmten Fotografien aus der Werkgruppe *Snow White*. In dieser Phase gibt es keine richtungsweisenden Straßen mehr, und auch die vorher auf verschiedene Weise thematisierte Mobilität reduziert sich merklich. Anders als zuvor bei den Fahrten durch die Fotografien der Serie *Roads* bleibt die Kamera vor den *Snow White*-Fotografien fast statisch, Bewegung resultiert nur noch aus den Überblendungen zwischen einzelnen Bildern. In die letzte Aufnahme einer *Snow White*-Fotografie (Abb. 4) blendet sich schemenhaft, wie ein farbiger Schatten, kurz die Aufnahme einer Atomexplosion ein, bevor der Papierabzug schließlich verbrennt. Während Kiarostamis Filme üblicherweise offen und unbestimmt enden, ist dies ein ungewohnt definierter, endgültiger Abschluss: Am Ende der vielen Straßen endet mit dem Film auch das verbrannte Bild einer Landschaft –

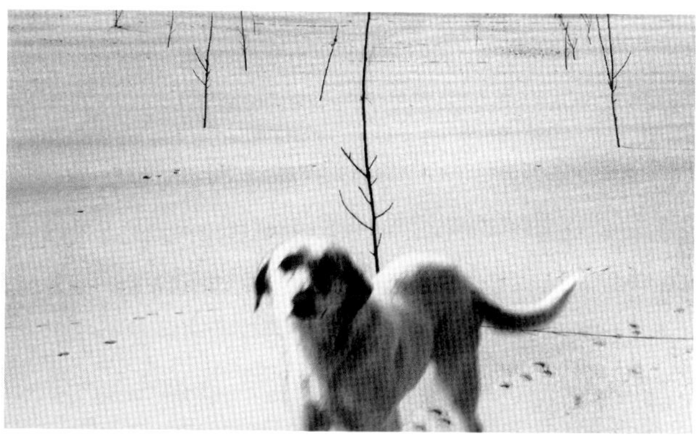

ein außergewöhnlich direkter Tod der Fotografie[10], der zweifellos dem unmittelbaren Anlass des Films, dem Gedenken an die Atombombenangriffe auf Hiroshima und Nagasaki, geschuldet ist.[11]

Roads of Kiarostami führt trotz geschickter Montagen und Übergänge nicht zu einer Verschmelzung von Film und Fotografie, sondern lässt vielmehr deren jeweils spezifische Eigenschaften verschärft hervortreten. Wenn fixierte Einzelbilder den Ausgangspunkt für diesen Film bilden, so ist dies nicht zuletzt auch als Erinnerung daran zu verstehen, dass jeder Film aus einer Abfolge unzähliger, für sich betrachtet statischer Bilder besteht. Die im Falle von *Roads of Kiarostami* durch die gleichmäßige Kamerafahrt gelenkte Mobilisierung und die damit einhergehende Verzeitlichung von Blicken auf einzelne Fotografien verdeutlichen wiederum, dass gerade die Fixiertheit des fotografischen Bildes dem Betrachter üblicherweise die Chance gibt, den eigenen Blick frei über das Bild schweifen zu lassen, an beliebiger Stelle zu verharren und überhaupt die Dauer der Betrachtung selbst zu bestimmen.[12] Somit unterstreicht die filmische Bewegung hier indirekt die Isoliertheit des fotografischen Einzelbildes; eine Isoliertheit, die auch in Serien und Montagen bestenfalls relativiert, jedoch nicht aufgehoben werden kann. Die Isoliertheit geht einher mit einer Erfahrung von Distanz zwischen dem fotografisch fixierten Bild und seinen Betrachtern. Indem die Filmkamera die Landschaftsfotografien sukzessive abtastet, dringt sie zu einem gewissen Grad in die fotografierten Landschaften ein und mindert im zeitlichen Verlauf die der Betrachtung zugrundeliegende Distanz, wenn auch stets nur für eine kurze Weile.[13] Insbesondere die vom Detail in die Totale gerichteten Zoombewegungen erwecken dann jedoch den Eindruck, dass sich die jeweilige Landschaft auf den Betrachter zu bewegt; sie bewirken eine überraschende Konfrontation und führen so wieder aus dem als Gegenüber wahrgenommenen Bild der Landschaft heraus – die Landschaft bleibt fremd und unbewohnbar.

Transparenz und Störung

Die Spannung zwischen Bewegung als zeitlichem Verlauf und momenthafter Fixierung spitzt sich in den Fotografien der 2006/07 entstandenen Werkgruppe *Rain and Wind* mit irritierender Plötzlichkeit zu. Aus dem intimen, abgeschlossenen Innenraum eines Autos richtet sich der Blick durch die Windschutzscheibe nach außen, auf die hinter Regenschleiern verschwimmende Umgebung. Mal sind es unzählige einzelne Tropfen, die sich wie Prismen auf die Scheibe gesetzt haben, mal ziehen sich herunterlaufende oder vom Fahrtwind verwischte Wasserschlieren über die gesamte Fläche, mal zeugen Spuren des Scheibenwischers von dem vergeblichen Versuch, dem Regen zu trotzen und die gewohnte klare Sicht wiederherzustellen. Neben den Auswirkungen des Regens sind es vor allem verschiedene Implikationen von Bewegung, die dafür sorgen, dass unser Blick nicht zur Ruhe kommt. So suggeriert allein die Sicht aus dem Autofenster auf den Verlauf einer fluchtenden, mehr zu erahnenden als eindeutig zu erkennenden Straße einen Zustand von Bewegtheit, der wiederum der Fixiertheit des fotografischen Bildes zuwiderläuft. Zu den daraus resultierenden Irritationen zählt beispielsweise die Frage, ob die Fotografien aus dem fahrenden oder aus dem stehenden Auto aufgenommen wurden, ob die verschiedenen Unschärfen also allein durch den Regen und die sich im Blickfeld bewegenden anderen Verkehrsteilnehmer oder zusätzlich auch durch die Bewegung des eigenen Gefährts verursacht wurden. »Das Auto ist eine Bewegungs-Maschine, die eine Bildaufzeichnungsmaschine transportiert, ja selbst schon eine Maschine ist, die Bilder einfängt«[14], beschreibt Jacques Rancière die für Kiarostamis Werk so charakteristische, aus der Fahrt mit dem Auto resultierende Verschränkung verschiedener Bewegungs-, Sicht- und Sinnebenen, deren Grenzen hier im Wortsinn verschwimmen.

Unsere auf zuverlässige Orientierung ausgerichtete Alltagswahrnehmung schenkt Fenstern wie Windschutzscheiben üblicherweise kaum Aufmerksamkeit. Diese beweisen ihre Zweckmäßigkeit gerade dann, wenn sie in ihrer Transparenz ungesehen bleiben, also in ihrer trennend-vermittelnden Funktion als Grenze zwischen innen und außen selbst nicht in Erscheinung treten und einen möglichst ungestörten Durchblick gewähren.[15] Eben diesen Durchblick verweigern Kiarostamis Fotografien. Der Blick, der die Umgebung gewohnheitsgemäß erkunden und bis in die Ferne vordringen will, trifft hier auf den Widerstand der regennassen Fensterscheibe. Während sich die Regentropfen und -schlieren auf der Windschutzscheibe teilweise noch prägnant darstellen, verunklart die Welt dahinter, außerhalb: Häuser, Bäume, Menschen, andere Fahrzeuge, Straßenschilder und Lichter verlieren ihre Gegenständlichkeit; sie werden zu verwischten Farbflecken, die sich weitgehend, in manchen Fällen fast vollständig mit dem Regenwasser auf der Scheibe verbinden. Raumzeitliche Bezüge lassen sich somit kaum noch ermessen, Nahes wie Fernes rückt vor unseren Augen frontal zu einer Fläche zusammen, die sich fast nur noch durch gebrochene Licht- und Farbwerte strukturiert – die sichtbare Welt wird zum annähernd ungegenständlichen Bild, ein Eindruck, der sich in der nahsichtigen Betrachtung der Originaldrucke durch das diskret hervortretende Pixelraster der Digitalaufnahme noch verstärkt. In gewisser Hinsicht kann die hier ersichtliche Auflösung gegenständlicher Bestimmtheiten an frühe Abstraktionstendenzen in der Malerei erinnern. So wurde beispielsweise in der impressionistischen Malerei eine Landschaft nicht mehr als ein wiedererkennbar umzusetzendes Motiv verstanden, sondern als Anlass für eine Malerei, die flüchtige Erscheinungen – wie etwa flirrende Licht- und Schatteneffekte oder diffuse Nebel- und Dunstschleier – mit rasch gemalten Farbflecken oder großzügigen Verwischungen einzufangen versuchte. Ähnlich wie in den historischen Abstraktionsbewegungen die Repräsentationsaufgaben zurücktraten und die Malerei selbst zum Thema der Malerei wurde, werden in den Regenfotografien die Prozesse der Fotografie reflexiv. Dabei nutzt Kiarostami die präzise eingesetzten technischen Mittel der Fotografie insbesondere dazu, ihr ambivalentes Potenzial auszuloten, das darin besteht, Dinge und Welt nicht nur sichtbar zu machen, sondern auch verschwinden zu lassen.[16] So schreibt sich die äußere Realität nicht ungebrochen lesbar in das fotografische Bild ein, vielmehr werden gerade durch die evidente Verunklarung die Bild und Sichtbarkeit generierenden Möglichkeiten der Fotografie bewusst. Ebenso wie der Regen die sonst ungesehenen Fensterscheiben sichtbar werden lässt, tritt die fotografische Bildwerdung selbst in Erscheinung – als ein labiler, mit den Vorgängen unserer instabilen Wahrnehmung korrespondierender Prozess.[17]

Indem die als Normalfall vorausgesetzte ungehinderte Durch- und Fernsicht in den Fotografien der Serie *Rain and Wind* erschwert ist, wird ein allein auf Wiedererkennen, räumliche Orientierung und damit auch auf eine Beherrschung der Situation ausgerichtetes Sehen beinahe unmöglich. Die aus der Unschärfe resultierende Irritation macht jedoch den Prozess des Sehens in ungewohnter Schärfe bewusst: Der mit der erschwerten Sicht einhergehende Kontrollverlust provoziert ein umso genaueres Hinsehen, eine Auseinandersetzung mit dem, was sich tatsächlich aktuell der Wahrnehmung darbietet. So führt der Ausnahmezustand der verregneten Sicht eben nicht dazu, dass man »nichts« mehr sieht, vielmehr bietet er eine Gelegenheit, das Vertraute anders zu sehen und über dieses andere Sehen die eigene, zwangsläufig auch Schwankungen und Störungen unterliegende Wahrnehmung zu erfahren. Inwiefern solche kalkulierten Störungen die Sicht zu klären vermögen, zeigt beispielsweise auch eine motivisch verwandte Szene aus dem Film *Der Wind wird uns tragen:* Der Protagonist, ein auf das Ziel der Dokumentation einer dörflichen Trauerzeremonie fokussierter Ethnologe, erweist sich im Verlauf der Handlung seinem Umfeld gegenüber als ebenso voyeuristisch – wenn er etwa wiederholt die Dorfbewohner gegen ihren Willen fotografiert (Abb. 5) – wie kurzsichtig. Die Enge seiner Wahrnehmungen löst sich erst, als er am Ende des wahrscheinlich gescheiterten Projekts die Windschutzscheibe seines Autos mit zwei Eimern Wasser wäscht (Abb. 6). Ähnlich wie diese – aus dem Inneren des Autos gefilmte – Aktion dazu beiträgt, einen verengten Blick zu weiten, öffnet der Blick auf die verregneten Scheiben in der Serie *Rain and Wind* die Aufmerksamkeit für das Naheliegende, das vermutlich gerade wegen seiner Nähe so oft übersehen wird. Eine aufmerksame Hinwendung zu den Phänomenen selbst scheint auch den von Kiarostami zuweilen zitierten Dichter Sohrab Sepehri zu interessieren, wenn er schreibt:

Die Augen müssen gewaschen werden.
Die Worte müssen gewaschen werden.
Das Wort muss selbst Wind, selbst Regen sein.
Man muss die Regenschirme zumachen,
im Regen muss man gehen.[18]

Manifest verborgen: Schatten und Schleier

Die aus den Regenfotografien resultierende Verstörung basiert wesentlich darauf, dass objektgebundene und räumliche Bezüge sich fast gänzlich auflösen und sich mit der regennassen Windschutzscheibe zu einer nahsichtig herangerückten, kaum noch gegenständlich entzifferbaren bildhaften Fläche verbinden. Eine vergleichbar unvermittelte Frontalität bestimmt die Fotografien der Serie *Walls*[19], die Ausschnitte

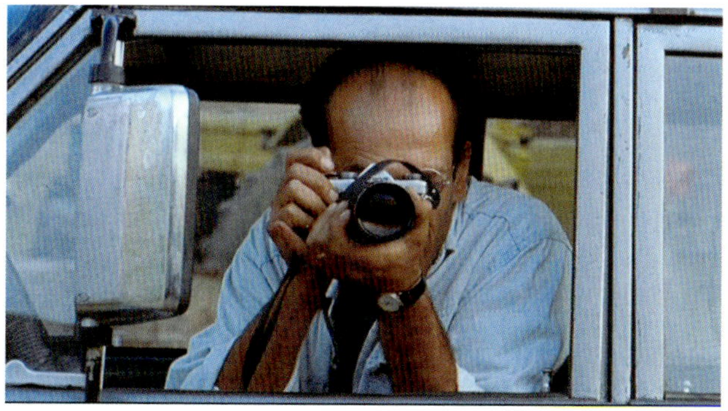

aus Mauerwerken zeigen und so dem Blick einen undurchdringlichen Widerpart entgegenhalten (Abb. 12 und 13). Ähnlich wie in den Fotografien der Werkgruppe *Snow White* wird die umgrenzte Geschlossenheit des Bildausschnitts mit verschiedenen Mitteln unterlaufen: Zum einen finden sich Öffnungen – Schlitze, Türen, Fenster – in den Mauern und verweisen auf ein unbestimmtes »Dahinter«. Zum anderen dringen Zweige, Stromkabel, Wasserleitungen oder Tiere aus verschiedenen Richtungen in die Bildfläche ein und betonen so die Ausschnitthaftigkeit der Ansicht. Eine wesentliche Rolle in der dynamisierenden Öffnung des begrenzten Sichtfelds kommt schließlich den Schatten zu. Während sich die massiven Mauern mit ihren Alterungsspuren als seit langem schon beständig zeigen, verweisen die teilweise sogar visuell dominierenden Schatten als flüchtige Reflexe auf das, was außerhalb und selbst ebenso unsichtbar wie ungreifbar bleibt. Auf diese Weise verbinden sich Konstruiertes und Natürliches, Materialität und Immaterialität, Vorhandenes und Verborgenes, Momenthaftigkeit und Dauer in komplexen Erscheinungsformen.

Ein noch weiterreichendes Wechselspiel zwischen Innen und Außen, zwischen Sichtbarem und dem Zugriff der Sicht Entzogenem ereignet sich in der Videoinstallation *A Summer Afternoon* von 2006: Eine statische Kamera wurde frontal auf zwei glatte Vorhangbahnen gerichtet, die nebeneinander jeweils vor einem Fenster hängen und sich im Luftzug teils sacht, teils heftiger bewegen. Dabei schlägt die offen-

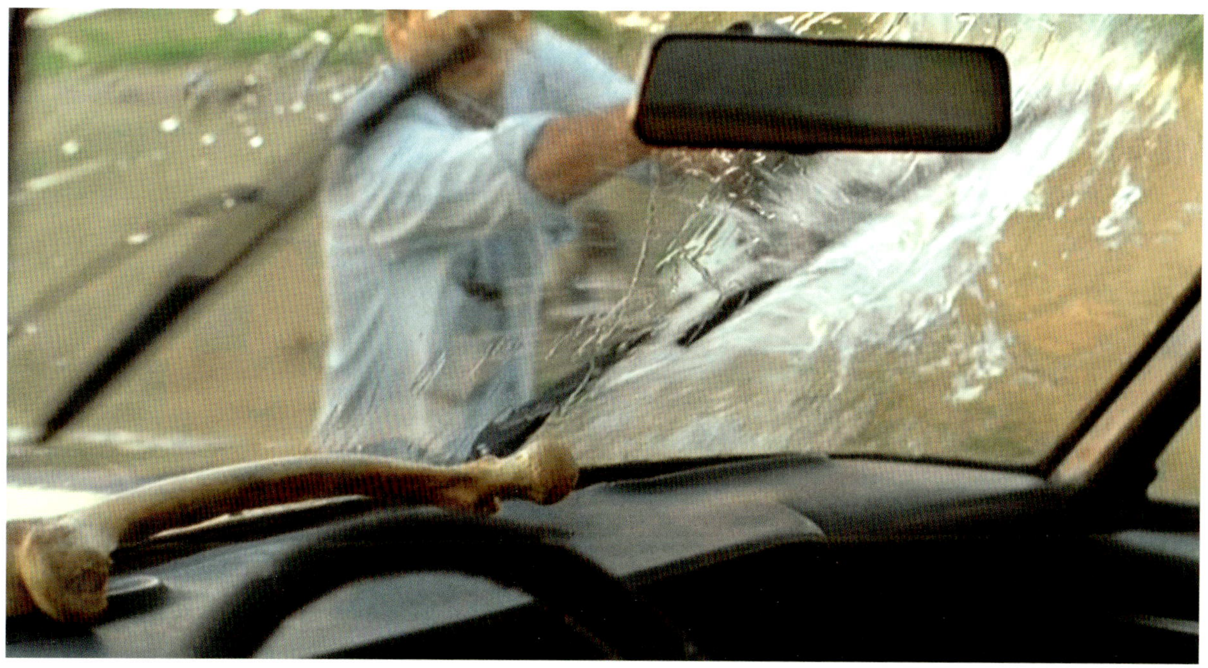

5+6
Filmstills aus *Der Wind wird uns tragen*
Still photographs from *The Wind Will Carry Us*
1999

sichtlich verstärkte, im Bild nicht sichtbare Abschlusskante der Vorhänge in unregelmäßigem Rhythmus gegen die angrenzende Wand und erzeugt ein klapperndes Geräusch. Die Projektion des Videos direkt auf die Wand eines Ausstellungsraums spielt mit der durch die Geräusche unterfütterten Illusion, tatsächlich auf ein verhängtes Fenster zu blicken. Dieses Spiel mit Illusion und Tatsächlichkeit intensiviert sich dadurch, dass im Rücken der Betrachter ein Ventilator arbeitet, dessen Luftverwirbelungen in einem Zusammenhang mit den gefilmten, offenbar ebenfalls durch einen Ventilator verursachten Bewegungen der Stoffbahnen zu stehen scheinen. Die sinnliche Irritation durch den Luftzug trägt ebenso wie die leisen, beiläufig monotonen Geräusche dazu bei, die Verortung des Betrachters diesseits des Schleiers zu festigen und über den eigenen Standpunkt die eigene Gegenwart bewusst zu erfahren. Im Gegenzug bleiben jedoch die Dinge außerhalb – die Gitter der Fensterverstrebungen und zwei Büsche hinter den opaken Vorhängen – unwirklich und fern. Kiarostami verstärkt zunächst die Distanz zur sichtbaren Welt hinter dem Schleier, indem er bei dieser Installation mit einer verdoppelten Projektion arbeitet: Ähnlich wie er in anderen Werken den Film im Film oder die Fotografie im Film thematisiert, zeigt sich hier das mit der Kamera aufgezeichnete und in den Raum projizierte Geschehen selbst schon als Projektion, die sich wie in einem Schattentheater auf den Vorhängen abzeichnet. In einem Schattentheater verursachen üblicherweise allein die jenseits der Projektionsfläche verorteten Dinge und Geschehnisse die Bewegungsbilder auf dieser statischen, selbst nicht in Erscheinung tretenden Fläche. In *A Summer Afternoon* kommt es hingegen nicht nur zu einer kaum noch aufzulösenden Durchdringung von inneren und äußeren Einflüssen, sondern auch zu einer Verschiebung von Ursache und Wirkung, Aktivität und Passivität. So ist es weniger die seltene, kaum zu registrierende Bewegung der Büsche im fast windstillen Außenraum als vielmehr die wechselhafte, zuweilen heftige Bewegung der Vorhänge selbst, die für eine endlose Fluktuation zwischen mehr oder weniger verzerrten Schattenbildern sorgt. In den windstilleren Momenten kann der Schatten des strengen, dann annähernd unverzerrt sich abzeichnenden Rasters der Fensterverstrebungen im Kontrast zu den organischen Formen der Sträucher jeweils kurz für optische Stabilität sorgen – um sich dann wiederum bedingt durch die Verwerfungen der Vorhänge von der geometrisch stabilisierten Ordnung zu entfernen. Die tanzenden Schattenwürfe bleiben auch dadurch wenig greifbar, dass die beiden Vorhänge sich nie ganz synchron bewegen, wodurch der Blick unablässig vergleichend zwischen ihnen wandert. Indem der Schleier an der Schwelle zwischen dem eigenen Standort und der äußeren Welt nicht einfach neutral vermittelt, sondern gewissermaßen ein Eigenleben entfaltet, stellt er übliche Unterscheidungen und Abgrenzungen in Frage und fordert neue, den tatsächlich sichtbaren Phänomenen zugewandte Wahrnehmungsformen.[20] Lässt man sich entsprechend auf das zwischen Kontinuität und Flüchtigkeit oszillierende Spiel von Vorhang und Wind mit Licht und Schatten ein, so gewinnt dieses Spiel im Laufe der Betrachtung eine eigene Realität, die realer als die ihnen zugrundeliegenden Dinge und Geschehnisse wird. Auf diese Weise werden in dem reflektierten Prozess des Sehens nicht zuletzt auch übliche Abgrenzungen und Bewertungen von Schein und Sein in Frage gestellt.

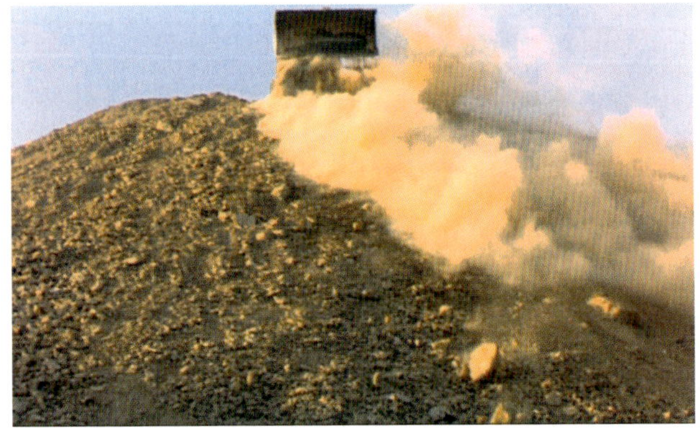

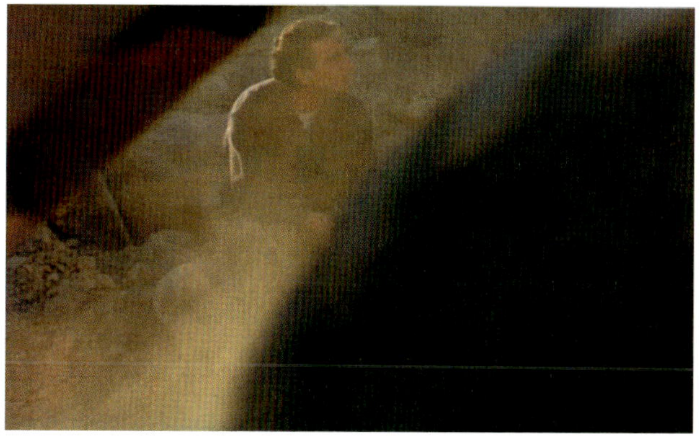

Die Dynamik der Distanz

Bei allen Unterschieden in den konkreten Formulierungen liegen den hier betrachteten Werken elementare Erfahrungen von Distanzen und Diskontinuitäten im Weltbezug zugrunde. Es ist kein Zufall, dass diese Erfahrungen sich zunächst insbesondere in Werken reflektieren, die sich im weiteren Sinn dem Themenfeld der Landschaft zurechnen lassen. Schließlich ist Landschaft – verstanden als »Natur, die im Anblick für einen fühlenden und empfindenden Betrachter ästhetisch gegenwärtig ist«[21] – der Ort, an dem sich das Verhältnis von Welt und Individuum besonders anschaulich verhandeln lässt. Es gehört zum Wesen der Landschaft als Erscheinungsform, dass sie sich der individuellen Wahrnehmung erst dann öffnet, wenn sie sich zu einem gewissen Grad als fremd und anders darstellt. Bei ebendieser grundsätzlichen Fremdheit, die städtische ebenso wie ländliche Situationen auszeichnen kann, setzt Kiarostami an, wobei er sie jedoch nicht etwa nivelliert, sondern in ihrer weitgehenden Unzugänglichkeit ausdrücklich als ein »entferntes Anderswo«[22] inszeniert. So finden sich in seinen Werken eine Vielzahl von Motiven und Maßnahmen, die Distanzen nicht nur offenbaren, sondern oft sogar noch ausdehnen. Dazu zählen beispielsweise die explizit thematisierten Ausschnitte und Rahmungen, die teilweise durch innerbildliche Rahmungen von Fenstern, Türen und sonstigen Wandöffnungen oder auch von Spiegeln multiplizierend hervorgehoben werden. Distanzen im wörtlichen Sinn vermitteln sich über Blicke in die Ferne, in der häufig ein isolierter Anhaltspunkt wie etwa ein vereinzelter Baum, ein einsamer Mensch oder ein einzelnes Auto den Eindruck von unermesslicher Weite, aber auch von Verlorenheit verstärken. Eine besondere Bedeutung kommt schließlich den Sichtbarrieren verschiedenster Art zu. Neben materialhaft fixen Barrieren wie Toren, Gittern, Balustraden, Bäumen und Hecken sorgen flexible oder temporäre Verschleierungen durch Staubaufwirbelungen, Wolken und Regengüsse dafür, dass unsere Blicke nicht ungehindert in Bildräume eindringen und schon gar nicht beliebig in suggerierte Tiefen vordringen können (Abb. 7 und 8). Auch das vermeintlich Vertraute, Bekannte und Nahe rückt auf Distanz und erweist sich dem Zugriff des Sehens als widerständig. Man könnte soweit gehen, die Einsicht in die prinzipielle Fremdheit und Unverfügbarkeit der gelebten Umgebung als eine wesentliche Grundlage von Kiarostamis fotografischen und filmischen Bildfindungen zu erachten. »Die Welt in Gestalt von Bildern besitzen heißt nichts anderes, als die Unwirklichkeit und Ferne des Realen aufs neue erfahren«[23], stellte schon Susan Sontag fest. Diese Einschätzung scheint Kiarostami zu teilen, wenn er gar nicht erst den Versuch unternimmt, dem als wesentlich unverfügbar anerkannten Realen mit eindimensionalen Aneignungsstrategien zu begegnen. Anstelle von Aufnahmen, die geordnete Durch- und Überblicke erlauben würden, versammelt er eine Vielzahl teilweise raffiniert gestaffelter Hindernisse und Störfaktoren, die dazu beitragen, die Blicke innerhalb der Bildflächen und -räume abwechselnd oder sogar gleichzeitig zu bremsen und in Unruhe zu versetzen. Über diese Aktivität eines eher tastenden als vereinnahmenden Blicks wird das Sehen als eine Herausforderung verstehbar, die in geglückten Momenten zu einer Ent-Fernung gegenüber dem Sichtbaren führen kann, das sich dann, wie Jean-Luc Nancy darlegt, in voller Evidenz zeigt:

7+8
Filmstills aus *Der Geschmack der Kirsche*
Still photographs from *Taste of Cherry*
1997

»Evidenz ist das, was sich in der richtigen Distanz präsentiert, oder sie ist das, demgegenüber man die richtige Distanz findet, die Näherung, die den Bezug statthaben lässt, und die sich auf Kontinuität hin öffnet.«[24] Einer solchen Erfahrung von Vergegenwärtigung folgt jedoch immer wieder auch die des Entzugs, der erneuten Distanzierung. Es gehört zu den besonderen Qualitäten von Kiarostamis fotografischen und filmischen Bildfindungen, dass sie derartige Wechselspiele in Gang setzen und uns die Dynamik der Distanz – im Prozess des Sehens wie im individuellen Weltbezug – immer wieder neu vor Augen führen.

1 Michel Ciment, »Trente questions à Abbas Kiarostami sur ses photographies/Thirty questions for Abbas Kiarostami regarding his photographs/Trenta domande a Abbas Kiarostami sulle sue fotografie «, in: *Abbas Kiarostami. Photographies, Photographs, Fotografie,* Vanves 1999, S. 5–27, hier S. 6.

2 So sagt er etwa: »My photos are not the result of my love for photography, but of my love for nature«, in: Kiarostami 1999 (wie Anm. 1), S. 8.

3 Peter Handke, Nachwort zu Abbas Kiarostami, *In Begleitung des Windes. Gedichte,* aus dem Persischen von Shirin Kumm und Hans-Ulrich Müller-Schwefe, Frankfurt/Main 2004, S. 231–240, hier S. 231 f.

4 Abbas Kiarostami, *Snow White. Photo Collection 1978–2004,* Teheran 2004; vorausgegangen war bereits der Band *Photo Collection,* Teheran 2000.

5 In der Literatur wird verschiedentlich auf Zusammenhänge zwischen dieser flächigen Bildorganisation und den Raumvorstellungen der persischen Miniaturmalerei hingewiesen; vgl. z. B. Alain Bergala, »Du paysage comme inquiétude«, in: Philippe Ragel, *Abbas Kiarostami. Le cinéma à l'épreuve du réel,* Lüttich 2008, S. 103–124, oder Jean-Luc Nancy, *Evidenz des Films. Abbas Kiarostami,* aus dem Französischen von Rike Felka, Berlin 2005, S. 76–77. Selbst wenn durch entsprechende Traditionen geprägte Sehgewohnheiten in Kiarostamis filmische und fotografische Bilder einfließen sollten, halte ich doch vor allem seinen kalkulierten Umgang mit den Möglichkeiten dieser Medien bei der jeweiligen Bildkonzeption für maßgeblich.

6 »A simple and immobile mise en scène is in fact like photography. When it involves something more complex with a camera that moves, it is still photography, but in movement«, Kiarostami 1999 (wie Anm. 1), S. 6.

7 Eine kaum merkliche Ausnahme bildet die erste Episode, die aus der Hand gefilmt ist. Auch wenn *Five* den Eindruck von reinen Plansequenzen und Echtzeitaufnahmen erweckt, handelt es sich doch um eine hoch artifizielle Verdichtung aus Aufzeichnung und nachträglicher Bearbeitung; vgl. *Abbas Kiarostami. Textes, entretiens, filmographie complète, Petite bibliothèque des Cahiers du Cinéma),* 1997, 2. Aufl. Paris 2008, S. 236–239.

8 Das Vorgehen erinnert an Fotofilme wie etwa *La jetée* (1962) von Chris Marker, der allerdings weitgehend auf Bewegungen innerhalb der aufeinanderfolgenden Standbilder verzichtet. Ähnlich wie *Roads of Kiarostami* verbindet auch der kurze, bisher unveröffentlichte Film *Rain* (2007) Filmaufnahmen von Fahrtszenen mit solchen von Fotografien der Serie *Rain and Wind.*

9 Youssef Ishaghpour, *Kiarostami. Le réel, face et pile,* Belval 2007, S. 135.

10 Analogien zwischen der fotografischen Stillstellung eines Augenblicks und dem Tod durchziehen viele Theorien der Fotografie; zu den meistzitierten zählen André Bazin, »Ontologie des photographischen Bildes«, in: ders., *Was ist Film?,* aus dem Französischen von Robert Fischer und Anna Düpee, Berlin 2009, S. 33–42, oder Roland Barthes, *Die helle Kammer. Bemerkungen zur Photographie,* aus dem Französischen von Dietrich Leube, Frankfurt/Main 1985. Barthes beschreibt die Fotografie als ein »Bild, das den Tod hervorbringt, indem es Leben aufbewahren will«, a. a. O., S. 103.

11 *Roads of Kiarostami* entstand als Auftragsarbeit für das Green Film Festival in Seoul, das sich 2005 anlässlich des 60. Jahrestags dem Andenken an die Atombombenangriffe auf Hiroshima und Nagasaki widmete.

12 Christian Spies differenziert in Anlehnung an Max Imdahls wegweisende Unterscheidung zwischen sehendem und wiedererkennendem Sehen zwischen sehendem, wiedererkennendem und gelenktem Zeitsehen, wobei das gelenkte Zeitsehen die Wahrnehmung von Bewegtbildern charakterisiert; vgl. ders., *Die Trägheit des Bildes. Bildlichkeit und Zeit zwischen Malerei und Video,* München 2007.

13 Vgl. Ishaghpour 2007 (wie Anm. 9), S. 142 f.

14 Jacques Rancière, *Und das Kino geht weiter. Schriften zum Film,* Berlin 2012, hrsg. von Sulgi Lie und Julian Radlmaier, aus dem Französischen von Julian Radlmaier, S. 80.

15 Nachdem der Topos vom Bild als einem illusionistischen Blick aus dem offenen Fenster seit Leon Battista Albertis Malereitraktat von 1435 jahrhundertelang die europäische Kunstgeschichte begleitet hatte, wurde seit dem frühen 20. Jahrhundert zunehmend der verhinderte Durchblick zum Thema der Bildkünste; einen aktuellen Überblick dazu bietet z. B.: *Fresh Widow. Fenster-Bilder seit Matisse und Duchamp,* Ausst.-Kat. Kunstsammlung Nordrhein-Westfalen, Düsseldorf, Ostfildern 2012.

16 Vgl. z. B. Hans Dieter Huber, »Leerstelle, Unschärfe und Medium«, in: *Unschärferelation. Fotografie als Dimension der Malerei,* hrsg. von Stephan Berg u. a., Ausst.-Kat. Kunstverein Freiburg im Marienbad u. a., Ostfildern-Ruit 2000, S. 84–87.

17 Wie Bildstörungen Sichtbarkeit erzeugen können, zeigt Peter Geimer, *Bilder aus Versehen. Die Geschichte fotografischer Erscheinungen,* Hamburg 2010, v. a. S. 260 ff.

18 Sohrab Sepehri, *Der Puls unserer Buchstaben schreibt in Abwesenheit der Tinte. Gedichte,* aus dem Persischen von Kathy Zarnegin, Garching 1998, S. 34.

19 Vgl. den Bildband Abbas Kiarostami, *The Wall,* Teheran 2011.

20 Entsprechend kommt auch Vivian Liska in ihren Überlegungen zu den erkenntniserweiternden Möglichkeiten des Schleiers zu dem Schluss: »With positions unhinged though not dissolved into indifference, the veil is no longer an object to be perceived but a way of seeing», dies., »Upon Revisiting – the Veil«, in: Eva Meyer und Vivan Liska (Hrsg.), *What does the Veil know?,* Wien, New York 2009, S. 12–18, hier S. 17.

21 Joachim Ritter, »Landschaft. Zur Funktion des Ästhetischen in der modernen Gesellschaft«, in: ders., *Subjektivität. Sechs Aufsätze,* Frankfurt/Main (1974) 1989, S. 141–163, hier S. 150.

22 Ishaghpour charakterisiert die Landschaften in Kiarostamis Werken als »ailleurs lointain«; Ishaghpour 2007 (wie Anm. 9), S. 141.

23 Susan Sontag, *Über Fotografie,* aus dem Amerikanischen von Mark W. Rien und Gertrud Baruch, Frankfurt/Main 1980, S. 156.

24 Nancy 2005 (wie Anm. 5), S. 55.

Between Stasis and Motion: Reflections on Abbas Kiarostami's Photographs and Videos

Silke von Berswordt-Wallrabe

"I wish I had been born with rectangular bars surrounding my pupils so that I had the habit of looking at everything through this sacred frame," Abbas Kiarostami once confessed in an interview.[1] It is an extravagant wish, but we understand it immediately when we enter the pictorial world Kiarostami opens up in his films and above all his photographs. The concentrated work of his gaze, his patient quest to select from among many similar vistas the most eloquent one that will become a successful image, is not only—as with all photographs—a self-evident precondition of Kiarostami's photographic oeuvre, it is also an underlying theme. The act of excision through which the picture comes into existence defines the deliberate selection of a vista, highlighting its contents and demarcating it from what remains outside. Yet this demarcation, while underscoring the distance between the photographic image and its viewers, serves a purpose broader than mere separation. It opens the possibility for countless interactions and transitions, to which particular attention will be paid below.

Landscapes devoid of human figures predominate in Kiarostami's photographic oeuvre. According to his own statements, his initial motivation to photograph landscapes stemmed less from an interest in independent photographic work than from the need to escape from day-to-day urban life and to get out on his own into nature, to behold it at his leisure, and to share later on with others what he has seen.[2] Yet even if contemplative withdrawal was Kiarostami's initial motivation, the tenacious originality with which he has pursued his photographic work for many years primarily demonstrates a deep-seated interest in photography's possibilities, and the scope it offers for reflecting on the process of seeing, and for pondering on man's relationship to the visible world. While the purpose here is to describe the particular characteristics of Kiarostami's photographic eye, such an endeavor cannot take place without considering his cinematic one as well. On the face of it, the antonyms of stasis and motion seem appropriate terms to contrast these two areas of his oeuvre—the frozen images of photography, on the one hand, and the fluid images of film, on the other. Yet if we consider the visual experiences made possible by Kiarostami's works, it soon becomes obvious that such a conventional dichotomy does justice neither to what Kiarostami himself achieves nor to what he demands of the viewer. The realization that stasis and movement tend instead to be two interrelated poles in his work, between which a complex pictorial process can gradually unfold, provides the point of departure for this essay.

Undefinable Country, Undefinable Time[3]

While Kiarostami has engaged in his photographic work since the late nineteen-seventies in alternation with and as a complement to his film work, it is only since the nineties that his photographs, which generally form part of series, have reached a public audience by means of exhibitions and publications. One such publication is the volume of photographs entitled *Snow White,* which Kiarostami co-designed and which came out in 2004. While its subtitle, *Photo Collection 1978–2004,* suggests that it constitutes the quintessence of over twenty-five years of photographic practice,[4] the retrospective foregoes conventional criteria regarding order. The works in *Snow White*—like those in other publications and exhibitions of Kiarostami's photographs—are not individually titled, dated or numbered. As flexible elements of an unplanned series that grew over the years, they demarcate an open field of interest rather than displaying chronological or thematic lines; in a similarly open way, the title *Snow White* denotes a state or a characteristic without specifying the conveyor of that characteristic.

The placelessness and timelessness of the photographed landscapes suggested by such a free and unlabeled arrangement of the works complement the impression of stasis, emptiness, and remoteness that initially determines the way we behold them. What matters here is quite evidently a particular atmosphere and above all a gaze that obeys the logic of the image created, not the recording of specific, identifiable places. In this sense, the self-imposed limitation of this group of works to views of snow-covered landscapes is meaningful in itself, because the snow mentioned in the title blankets itself in a unifying way over characteristic topographical elements, smoothing out any marked formations there might be, and creating an impression of vastness. By printing the *Snow White* photographs in black and white throughout, including motifs previously printed in color elsewhere, Kiarostami heightens his snowscapes' innate clarity and abstraction. Snow always displays varying degrees of colorfulness in color photographs because of highly diverse light reflections, whereas black and white prints permit differentiated graduations of grey, sharp contrasts of light and dark, as well as areas that are sometimes pure white. Through their merging with the white of the photographic paper, those areas permit a relationship between figure and ground—in the present case, between fullness and emptiness—that is atypical of most photographs. Foregoing color at the printing stage emphasizes the works' graphic qualities, thus highlighting the alienness and staged pictoriality of the selected images.

Kiarostami responds to the landscapes' undefined vastness by selecting segments that often surprise us. Together with snowscapes of almost unfathomable depth, we principally find vistas with extremely high horizons as well as some which, with no horizon at all, deliberately rely on two-dimensionality rather than opening up depth.[5] Certain recurring compositional strategies, singly and in combination, assure the generally decentralized, non-hierarchical organization of the pictorial space. There are, for example, photographs in which individual trees or groups of trees interact with expanses of evenly distributed snow to evoke tension between density and openness. There are others in which trees, power lines, and fence posts give structure to the image, frequently in a series of rhythmically arranged elements that our mind's eye can extend beyond the edges of the picture in a further-reaching continuum. These serial elements (most of them trees) reaching beyond the pictorial format exist in complementary interaction with their sharply defined shadows, for which the blankets of snow provide an ideal backdrop. Since these shadows, like the objects that cast them, are essentially perceived as graphic elements, conventional differentiations between materiality and immateriality are called into question, as are those between volume and flatness. A particularly striking impact is generated by a sometimes radical fragmentation. In one photograph, for example, we see a tree trunk. The crown of the tree is not visible, but it nonetheless enters the picture indirectly by means of the shadow it casts. A similarly stimulating interaction between elements shown inside a picture and those we guess to be situated outside it—an interaction between presence and absence—is seen in a photograph showing footprints in the snow. They span from one edge of the picture to another, entering our field of vision and then leaving it again with no indication of direction. Traces of past movements or even of movements captured instantaneously by the camera (like the flight of a flock of birds or the motion of a horse, figs. 2 and 3) modify the initial impression of stillness and stasis by introducing hints of a narrative as well as allusions to ephemeral elements. These, in turn, open up different temporal planes in landscapes that at first sight seem so timeless. Also, the shadows intentionally integrated into the picture's structure suggest that long waiting times may often have been necessary to capture the desired, deliberately constructed vista. At the same time, our knowledge of the fleetingness of particular light and shade constellations makes us realize just how special such a successfully captured moment is. As we look at greater length, we are particularly struck by how Kiaromstami constructs his images—relying on a highly charged alternation of fullness and emptiness, rhythmic sequences that even go so far as serial all-overness, as well as abrupt excision and fragmentation. These not only contribute to the picture's formal and ornamental organization, but also, and above all, operate as impulses that mobilize our gaze, serving to accentuate our experiencing of the span of time during which viewing occurs. Awareness of the photographic act consequently goes hand in hand with heightened awareness of our own process of seeing, so that we experience how the latter's ephemerality and inevitable limits contrast with the permanence of the photographic images and the limitlessness of the landscapes portrayed.

Photography in Motion

When questioned about the relationship between film and photography, Kiarostami emphasizes the fundamental significance of photographic seeing, particularly with regard to the frame within which our gaze operates.[6] The importance of the choice of frame is especially evident in the five long takes of the film *Five* (2003), a work in which the camera remains virtually motionless in every sequence.[7] Thanks to this

9–11
Fotografien aus der Serie *Roads*
Photographs from the *Roads* series

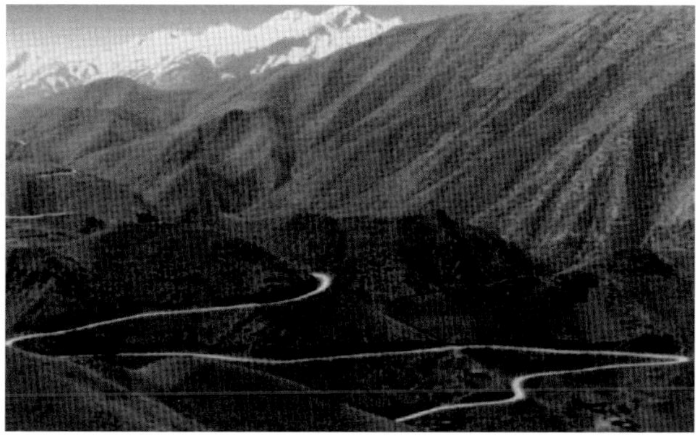

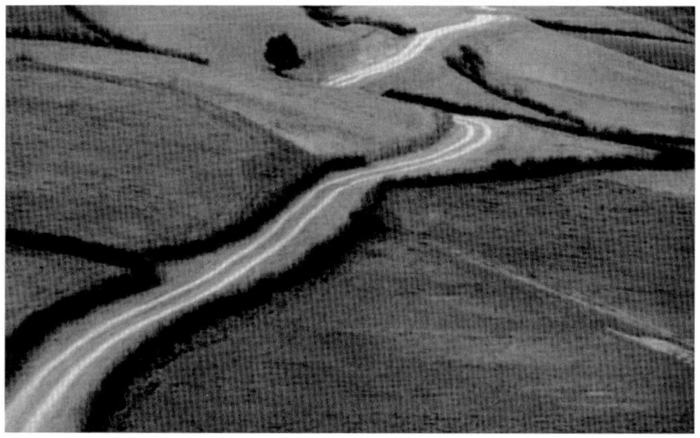

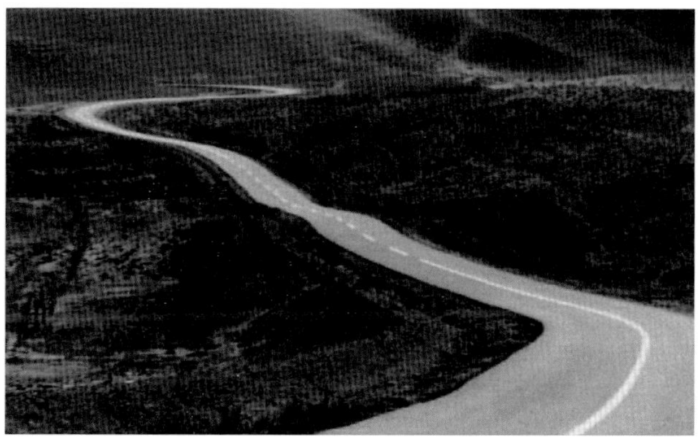

stoic fixing of the field of vision, the comparatively unremarkable events, in which there is in some cases only minimal movement, receive greater emphasis: a piece of driftwood is washed hither and thither by the waves before it breaks in two, and the parts are carried off in different directions by the waves. One part passes beyond the edge of the screen, and then, after a time, comes back into view. The paths of people walking along a boardwalk cross one another and then the people disappear from sight. Dogs rest on the beach in the twilight. A flock of busy ducks crosses our field of vision first in one direction and then in another. In the fifth and final long take, moonlight is reflected in the water: at times clouds cover the moon, veiling everything in total darkness, in which we can concentrate our entire attention on the nocturnal background of noises. The sea's breakers provide the acoustic and visual backdrop for all five individual episodes, the ceaseless roar of the sea as it ebbs and flows seeming to replace linear narrative threads. Since the film's director introduces little external action, natural phenomena and events—the changing light, the wind, clouds and rain—unfold vividly; filming these phenomena to a certain extent also means accepting them calmly. Like the video *Sea Gulls' Eggs* (2007), through which we experience the tension between the rugged rock, the fragility of three sea gulls' eggs, and the tremendous force of the sea's breakers, the five sequences of *Five* primarily invite us to witness the relevance of actual situations. *Five* thus shows us gently moving images that encourage patient viewing through their repetitions, ritardandos, and even moments approaching virtual standstill. Time seems to slow down, so that our experience of it intensifies.

The heightened awareness of time achieved through the tension between stasis and motion as well as the relationship between photographic and cinematic seeing are two essential themes of the short movie *Roads of Kiarostami* made in 2005. Views of roads that seem to wind endlessly through lonely landscapes, losing themselves somewhere in the distance, are among the constantly recurring motifs in Kiarostami's movies and photographs. *Roads of Kiarostami* brings the two realms together by first directing the camera not on real roads but on some of Kiarostami's own photographs of roads (figs. 1, 9–11).[8] Accompanied by solemn music, the camera slowly follows the curves of a road, alternating circumspectly between detail and the whole, zooming into the distance and sometimes back again. The static framing of *Five* sharpens our awareness of movements within the images, whereas in *Roads of Kiarostami* the camera's mobility gives elasticity to the originally fixed frame of the photographs. In keeping with the uniformly smooth flow of movement that is thereby created, the individual photographs appear to gradually dissolve into one another, rather than being separated by cuts. The various movements nonetheless remain strangely unreal, resulting in a process of alienation that heightens the impression of the photographs' stasis and remoteness, while at the same time emphasizing their particular characteristics. The sequences when the camera travels over landscape photographs alternate with movie sequences of car journeys through real landscapes that are also filmed in black and white. From a distance, the camera repeatedly follows the path of a car along lonely country roads while Kiarostami, off-screen, reflects on and recites poetry about the theme of paths and roads. In this way, the movie becomes not just a process of photographic and cinematic reflection, but also an expressly personal, melancholically tinged statement.

More than almost any other motif, roads imply movement and development. They lead our gaze into the distance along either a straight line or curves, thereby intermediating between here and elsewhere, between the past, the present and a future that remains open. Since the motif of the road is correspondingly always associated not only with yearning and freedom, but also with restlessness and uncertainty, roads also stand for the course of individual lives. Youssef Ishaghpour speaks of the parallels between the spatial and temporal continuity of the road and the genesis of *Roads of Kiarostami,* which we relive as we watch it.[9] By himself appearing as a photographer in the last third of the film, Kiarostami links together all the implications created by the interaction of images, words, and musical accompaniment all the more emphatically with his own activity. Short sequences in which he at first photographs a roadside dog from a car and later walks through a snowy landscape carrying his camera alternate with filmed photographs from the *Snow White* series. In this phase, there are no longer any roads indicating direction and the mobility previously thematized in different ways is also significantly reduced. Unlike the journeys through photographs from the *Roads* series, the camera remains virtually static before the *Snow White* ones, the only movement that occurs being the fading-out from one photograph to the next. In the last take of a *Snow White* photograph (fig. 4), an atomic explosion is pictured briefly in outline, like a colored shadow, before the paper copy is destroyed by fire. Kiarostami's movies are generally open-ended, but this one has an especially well defined conclusion: after many roads have been traveled, the burnt photograph of a landscape disintegrates at the same time that the film ends—an unusually direct death of photography[10] that doubtless reflects the movie's immediate motivation of commemorating the atomic bombings of Hiroshima and Nagasaki.[11]

Despite its skilful montages and transitions, *Roads of Kiarostami* causes the qualities specific to film and photography to emerge more sharply rather than to fuse. The fact that individual still photographs provide this film's point of departure serves above all to remind us that all films consist of a host of images that, taken individually, are static. The mobilization achieved through the camera's steady motion in this film, and the associated heightened awareness of our beholding of individual photographs in turn make it clear that a photograph, because of its fixed nature, generally gives us the chance to let our eye wander freely over it, lingering at any point we choose, and deciding for ourselves how long we wish to behold it.[12] In *Roads of Kiarostami,* the cinematic motion indirectly emphasizes the isolation of individual still photographs, an isolation that can be reduced through series and montages, but that can never be completely eliminated. That isolation emphasizes the distance between the photographically fixed image and the viewer. By successively exploring the landscape photographs, each in turn, the film camera to some extent draws the viewer more deeply into each landscape, diminishing this distance for a brief interval.[13] By contrast, as the camera zooms back from detail to the overall picture, we feel that the landscape is moving towards us, occasioning a surprising confrontation and ushering us back out of the place we imagined ourselves to have entered—a landscape that remains alien and uninhabitable.

Transparency and Interference

The tension between movement as a temporal process and a momentary "freezing" in time is accentuated with disturbing suddenness in the *Rain and Wind* series of photographs taken in 2006/07. From the intimate, enclosed interior of a car, our gaze is directed through the windshield to the external surroundings, which are blurred by sheets of rain. At times we see countless individual drops that have settled on the windshield like prisms, at others streams of water course downwards or are spread over the entire windshield by the airflow around the car, while at others again traces of the windshield wiper attest to the futile attempt to defy the rain and to restore normal clear visibility. In addition to the impact of the rain, it is above all the various implications of movement that ensure our gaze does not come to rest. The view through the car window of a road disappearing into the distance, which we sense rather than unambiguously identify, in itself suggests a state of motion at odds with the static quality of the photographic image. We wonder whether the photographs were taken from a moving car or a stationary one; in other words, whether the blurring is due solely to the rain and the other vehicles within our field of vision, or whether it was also caused by the movement of the vehicle from which they were taken. "The car is a machine for motion that transports a machine for recording images, so is itself a machine for capturing images"[14] is Jacques Rancière's description of how a car journey results in the intermingling of various aspects of movement, sight, and meaning, a phenomenon very characteristic of Kiarostami's work. In the *Rain and Wind* series, the boundaries between these different aspects quite literally become blurred.

Customarily, our day-to-day perception takes scant notice of windows and windshields. The latter serve their purpose when, being transparent, they remain unseen and hence do not appear in their intermediary function as a boundary between inside and outside, but instead allow us to look through them as easily as possible.[15] It is this unobstructed vision that Kiarostami's photographs deny us. Our gaze normally seeks to explore the surroundings, penetrating even into the far distance, but in this case it encounters resistance from the rain-covered window-pane. While the raindrops and streaks of rain to some extent still display themselves clearly on the windshield, the world that lies behind and beyond them is blurred: houses, trees, people, other vehicles, street signs, and lights lose their materiality, becoming indistinct patches of color that largely and in some cases almost completely merge with the rainwater on the windshield. Spatial and temporal relationships are therefore virtually impossible to gauge: what we see in the foreground and in the distance merges frontally before our eyes into a single space structured almost exclusively by refracted light and color values. The visible world becomes a well-nigh abstract image, an impression that intensifies when, looking at the original prints from close up, we detect the original digital photographs' discreet pixel pattern. The dismantling of figurative certainties encountered here is to some extent reminiscent of early tendencies towards abstraction in painting. For the Impressionist painters, for instance, a landscape ceased to be a motif that had to be represented in a recognizable form, instead becoming the occasion for painting that relied on rapidly applied specks of color and blurred brushstrokes to capture fleeting phenomena such as shimmering light and shadow effects or diffuse veils of fog and mist. Just as the tasks of representation lost importance in the histori-cal movements striving for abstraction, in which painting became its own theme, so in this case the processes of photography become reflective. Kiarostami particularly resorts to the precisely employed technical means afforded by photography to explore its ambivalent potential, through which objects and the world are made not only visible but also invisible.[16] External reality does not inscribe itself in a continuously legible way in the photographic image; instead, the thematized blurring draws our attention to the possibilities that photography affords for generating images and assuring visibility. Just as the otherwise unnoticed window-panes are made visible by rain, so the genesis of the photographic images reveals itself—as a volatile process corresponding to the phases of our unstable perception.[17]

Since the unobstructed outlook we normally take for granted is impeded in the photographs of the *Rain and Wind* series, a seeing directed solely towards recognition, spatial orientation and hence also towards comprehension of the situation is thwarted. Yet the visual disruption caused by the photographs'

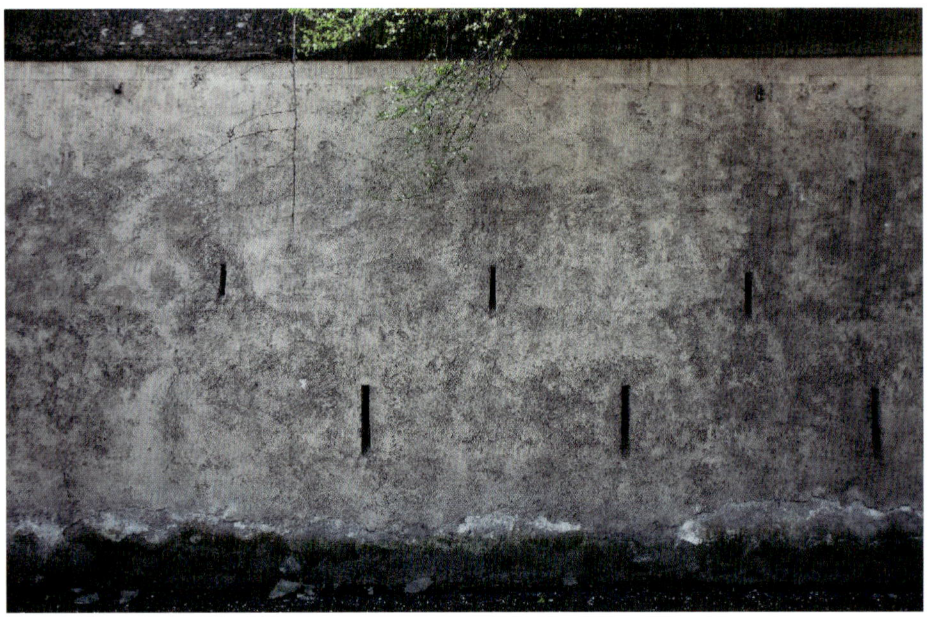

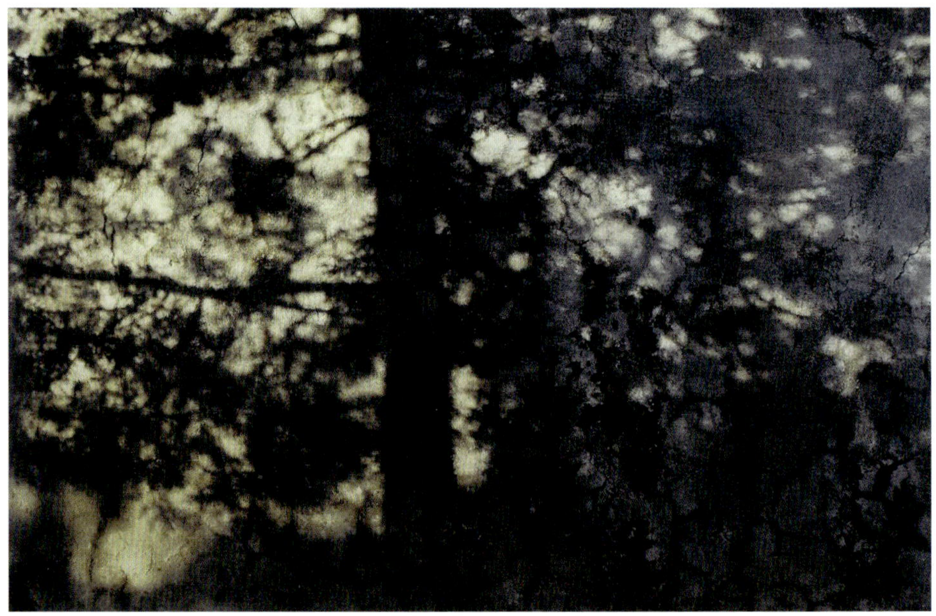

blurred definition makes us keenly aware of the process of seeing: the loss of control associated with our impeded outlook causes us to look even more attentively, to strive to understand what actually presents itself to our gaze. The exceptional circumstance of rain-impeded visibility therefore means not that we see "nothing," but that we are given an opportunity to see familiar things differently and, through that modified seeing, to fully experience our own perception, with all the oscillations and disturbances to which it is subject. The degree to which such deliberate disturbances cleanse our vision is, for example, demonstrated by a scene with a related motif from the film *The Wind Will Carry Us:* the protagonist, an ethnologist focusing on documenting a village funeral ceremony, proves in the course of the action to be as voyeuristic—for example, when he repeatedly photographs the villagers against their will (fig. 5)—as he is short-sighted. His narrow perceptions broaden only when he washes his car's windshield with two buckets of water at the end of his apparently failed project (fig. 6). Just as his action—filmed from inside the car—helps to broaden a narrow outlook, so our viewing of the rain-covered panes in the *Rain and Wind* series makes us aware of things that lie near at hand even though, presumably because of their being so close, they are all too often overlooked. Careful attentiveness to the phenomena themselves seems also to interest the poet Sohrab Sepehri, whom Kiarostami sometimes quotes:

We need to rinse our eyes and view
everything in a different light.
We should cleanse our words
to be both wind and rain.
We should close our umbrellas
walk in the rain.[18]

Manifestly Concealed: Shadows and Veils

The visual disruption caused by the rain photographs fundamentally derives from the way in which figurative and spatial relationships dissolve almost entirely, merging with the rain-covered windshield to create an image that has shifted into close range and that is almost impossible to decode figuratively. Our eye confronts comparable obstacles in the photographs of segments of walls in the series *Walls*[19] (figs. 12 and 13). As with the photographs in the *Snow White* series, the self-containment of the pictorial extract is undermined by various means: on the one hand, there are apertures—slits, doors, windows—in the walls that hint at something undefined behind them. On the other hand, twigs, power cables, water pipes, and animals come into the picture from different directions, thereby emphasizing the way in which it has been excised from its surroundings. Finally, shadows play a crucial role in the dynamic opening-up of the circumscribed field of vision. The massive walls with their traces of age show themselves to have stood firm

12 + 13
Fotografien aus der Serie *Walls*
Photographs from the *Walls* series

for many years, but the shadows, which are in some cases even visually dominant, are a fleeting evocation of the invisibility and intangibility of what remains outside. In this way, constructed situations and natural phenomena, materiality and immateriality, ephemerality and duration merge in complex manifestations.

An even wider-reaching interaction between inside and outside, between things that are visible and those that are hidden from sight, is to be found in the 2006 video installation *A Summer Afternoon*. Filmed by a stationary camera frontally directed on them, two smooth shades hang next to each other in front of a window, moving, sometimes gently and sometimes more vigorously, in a draft. The lower edges of the shades, which are obviously reinforced although this is not visible, beat in an irregular rhythm against the wall on which they hang, making a flapping sound. Projecting the video directly onto the wall of an exhibition room plays on the illusion, to which the noises contribute, that we are actually looking at a window with shades in front of it. This game with illusion and reality is intensified by the fact that an electric fan is working behind our backs, and that the air it circulates seems to be linked to the movement of the shades, apparently also caused by a fan, shown in the film. The sensory disruption caused by the draft as well as the quiet, casually monotonous noises help to establish our position as being firmly on this side of the shades, where we consciously experience the present moment from our own vantage point. By contrast, anything situated on the other side—the window frames and two bushes we can see through the semi-transparent shades—seems unreal and remote.

In this installation, Kiarostami first heightens the distance to the visible world lying behind the shades by working with a double projection: just as in other works he thematizes film in movies or photography in film, so here the events recorded by the camera and projected in the room reveal themselves to be a second projection, which is silhouetted on the shades as in a shadow theater. With such a theater, it is generally only things and events located beyond the projection screen that generate the moving pictures on the static backdrop, which otherwise goes unnoticed. In *A Summer Afternoon,* on the other hand, we encounter not only a virtually indissoluble intermingling of internal and external influences, but also a shift in cause and effect, in activeness and passiveness. It is therefore less the rare, almost imperceptible movement of the bushes outside, where there is virtually no wind, than the constantly changing, at times vigorous movements of the shades themselves that assures an endless fluctuation between silhouettes, some of them more and some of them less distorted. When the draft subsides, the shadow of the austere and at that point almost undistorted pattern of the window frame, as opposed to the organic forms of the shrubs, assures optical stability for a brief span of time—before subsequently distancing itself from the geometrically stabilized order again because of the shades' movements. One of the reasons why the dancing shadows remain relatively hard to grasp is that the two shades' movements are never completely synchronized, so that our gaze wanders continuously from one to the other, comparing their appearance. Since the veil at the threshold between our own position and the external world functions as more than a neutral intermediary, to some extent also developing a life of its own, it challenges conventional distinctions and demarcations, requiring new forms of perception suited to the phenomena that are actually visible.[20] If we accordingly let ourselves be drawn into this interplay between shades, draft, light and shadow, which oscillates between continuity and fleetingness, it takes on its own reality as we behold it, becoming more real than the objects and events on which it is based. As we reflect on the process of our seeing, conventional demarcations and evaluations of illusion and reality are therefore called into question.

The Dynamics of Distance

Despite the many differences in their specific formulation, the works considered here all concern and activate elementary human experiences of distance and discontinuity in the world. It is far from coincidental that these experiences are in the first instance reflected in works that fall broadly within the thematic field of landscape. For landscape—in the sense of "nature that is aesthetically present to the gaze of a sensitive, feeling viewer"[21]—can be considered the place in which the relationship between the world and human beings becomes most evident. One of the characteristics of landscape is that it offers itself up to individual perception only when it to some extent presents itself as alien and different. While this fundamental alienness, which can characterize urban situations as much as rural ones, is taken by Kiarostami as his point of departure, he expressly chooses not to minimize it, but rather to represent its virtual inaccessibility as a "distant somewhere else."[22] His works consequently include a large number of motifs and devices that not only make distance obvious, but that frequently even magnify it. These include, for example, the excised and clearly demarcated segments explicitly thematized by him, which the frames of windows, doors and other wall apertures, and also mirrors within his pictures partially emphasize and multiply. Distance in the literal sense of the term is conveyed through remote vistas, in which an isolated element like a solitary tree, person or car strengthens the impression not just of immeasurable vastness, but also of forlornness. Visual barriers of many different kinds play a particularly important role. Fixed ones like gates, bars, balustrades, trees, and hedges, as well as flexible or temporary ones created by swirls of dust, clouds, and downpours of rain make it difficult for our gaze to penetrate the pictorial spaces without impediment and prevent it from advancing at will into the intimated depths (figs. 7 and 8). Even ostensibly familiar, well-known, nearby elements are distanced from us, resisting the intrusion of our gaze. Kiarostami's consciousness of the external world's essentially alien, unavailable quality can justifiably be considered a fundamental key to understanding the originality of his photographs and films. Susan Sontag has said: "To possess the world in the form of images is, precisely, to re-experience the unreality and remoteness of the real."[23] Kiarostami appears to share this view when, deeming reality to be essentially unavailable, he does not even take any steps to appropriate it. Instead of offering us pictures of ordered, legible vistas and panoramas, he introduces a large number of impediments and disruptions, sometimes subtly placed one next to the other, which alternately or even simultaneously hamper and unsettle our ability to penetrate the pictures' depths. Through the activity of a gaze that is tentative rather than conquering, seeing becomes a challenge that can in successful moments bridge the distance between us and what we see. As Jean-Luc Nancy puts it, visible things can display themselves in full evidence: "Evidence is what presents itself at the right distance, or else, that in front of which one finds the right distance, the proximity that lets the relation take place, and that opens to continuity."[24] Yet such an experiencing of the present moment is always succeeded by one of withdrawal and of renewed distance. One of the extraordinary qualities of Kiarostami's distinctive photographs and films is that they trigger such interactions, repeatedly confronting us with the dynamics of distance—both in the process of seeing and in our own relationship to the world.

Translated by Isabel Feder.

Thanks are due to Cynthia Baer for proofreading and invaluable comments.

1 Michel Ciment, "Trente questions à Abbas Kiarostami sur ses photographies/Thirty questions for Abbas Kiarostami regarding his photographs/Trenta domande a Abbas Kiarostami sulle sue fotografie," in *Abbas Kiarostami: Photographies, Photographs, Fotografie* (Vanves, 1999), pp. 5–27, quoted here from p. 6.

2 He says, for example: "My photos are not the result of my love for photography, but of my love for nature" in Kiarostami 1999 (see note 1), p. 8.

3 Peter Handke, epilogue to Abbas Kiarostami, *In Begleitung des Windes: Gedichte* (Frankfurt/Main, 2004), pp. 231–40, quoted here from pp. 231–2.

4 Abbas Kiarostami, *Snow White: Photo Collection 1978–2004* (Tehran, 2004); this was preceded by *Photo Collection* (Tehran, 2000).

5 Connections between this flat pictorial organization and conceptions of space in Persian miniature painting have been mentioned by authors like Alain Bergala, "Du paysage comme inquiétude" in Philippe Ragel, *Abbas Kiarostami: Le cinéma à l'épreuve du réel* (Liège, 2008), pp. 103–24 and Jean-Luc Nancy, *L'évidence du film/The Evidence of Film: Abbas Kiarostami* (Brussels, 2001), pp. 80–2. Even if Kiarostami's cinematic and photographic images may have been influenced by such traditional conceptions, I consider the most important factor to be his calculated response to the possibilities these media offer for the pictorial conception in question.

6 "A simple and immobile mise en scène is in fact like photography. When it involves something more complex with a camera that moves, it is still photography, but in movement," Kiarostami 1999 (see note 1), p. 6.

7 One almost imperceptible exception is the first episode, which is filmed with a hand-held camera. Even if *Five* gives the impression of consisting solely of sequence shots and real-time takes, it represents a highly artificial combination of filmed footage and post-processing; cf. *Abbas Kiarostami: Textes, entretiens, filmographie complète (Petite bibliothèque des Cahiers du cinéma),* (Paris (1997), 2nd edition 2008), pp. 236–9.

8 This approach is reminiscent of photographic films like *La jetée* (1962), although its director, Chris Marker, largely renounced motion in the succession of fixed images. Like *Roads of Kiarostami*, the short, so far unreleased video *Rain* (2007) combines footage of car journeys with shots of still photographs from the *Rain and Wind* series.

9 Youssef Ishaghpour, *Kiarostami: Le réel, face et pile* (Belval, 2007), p. 135.

10 Analogies between death and the photographic fixing of a moment run through many theories of photography, the most quoted of which include those drawn by André Bazin in "The Ontology of the Photographic Image" in his book *What Is Cinema?*, trans. Hugh Gray (Berkeley and Los Angeles, California, 1967; 2005), pp. 9–16, and by Roland Barthes in his book *Camera Lucida: Reflections on Photography*, trans. Richard Howard (New York, 1981). Barthes describes photography as an "image which produces Death while trying to preserve life," p. 92.

11 *Roads of Kiarostami* was commissioned for the Green Film Festival held in Seoul in 2005, which commemorated the atomic bomb attacks launched on Hiroshima and Nagasaki sixty years before.

12 Elaborating on Max Imdahl's groundbreaking distinction between seeing sight and recognitory sight, Christian Spies differentiates between seeing, recognitory and directed temporal sight, with the latter characterizing our perception of moving images; see Christian Spies, *Die Trägheit des Bildes: Bildlichkeit und Zeit zwischen Malerei und Video* (Munich, 2007).

13 See note 9, pp. 142–3.

14 Jacques Rancière, *Und das Kino geht weiter: Schriften zum Film*, ed. Sulgi Lie and Julian Radlmaier, translated from the French by Julian Radlmaier (Berlin, 2012), p. 80.

15 The topos of the picture as an illusionistic gaze from an open window accompanied European art history for centuries following the appearance of Leon Battista Alberti's treatise on painting in the year 1435, but from the early twentieth century onwards an impeded vista increasingly became a theme of the visual arts; an up-to-date review of those later developments is to be found in, for example, *Fresh Widow: The Window in Art since Matisse and Duchamp*, exh. cat. Kunstsammlung Nordrhein-Westfalen, Düsseldorf (Ostfildern, 2012).

16 Cf. Hans Dieter Huber, "Leerstelle, Unschärfe und Medium" in *Unschärferelation: Fotografie als Dimension der Malerei*, ed. Stephan Berg et al., exh. cat. Kunstverein Freiburg im Marienbad et al. (Ostfildern-Ruit, 2000), pp. 84–7.

17 The way in which pictorial disturbances can create visibility is demonstrated by Peter Geimer in *Bilder aus Versehen: Die Geschichte fotografischer Erscheinungen* (Hamburg, 2010), especially pp. 260–300.

18 Quoted in part from Alberto Elena, *The Cinema of Abbas Kiarostami* (London, 2005), p. 5.

19 Cf. Abbas Kiarostami, *The Wall* (Tehran, 2011).

20 In her remarks about the veil's ability to extend cognitive possibilities, Vivian Liska concludes: "With positions unhinged though not dissolved into indifference, the veil is no longer an object to be perceived but a way of seeing." See her essay "Upon Revisiting – the Veil" in Eva Meyer and Vivan Liska (eds.), *What does the Veil know?* (Vienna, New York 2009), pp. 12–18, quoted here from p. 17.

21 Joachim Ritter in "Landschaft. Zur Funktion des Ästhetischen in der modernen Gesellschaft," an essay in his book *Subjektivität: Sechs Aufsätze* (Frankfurt/Main, (1974) 1989), pp. 141–63, quoted here from p. 150.

22 Ishaghpour characterizes the landscapes in Kiarostami's works as an "ailleurs lointain"; see note 9, p. 141.

23 Susan Sontag, *On Photography* (New York, 1977; reprinted London, 2002), p. 164.

24 Nancy, see note 5, p. 70.

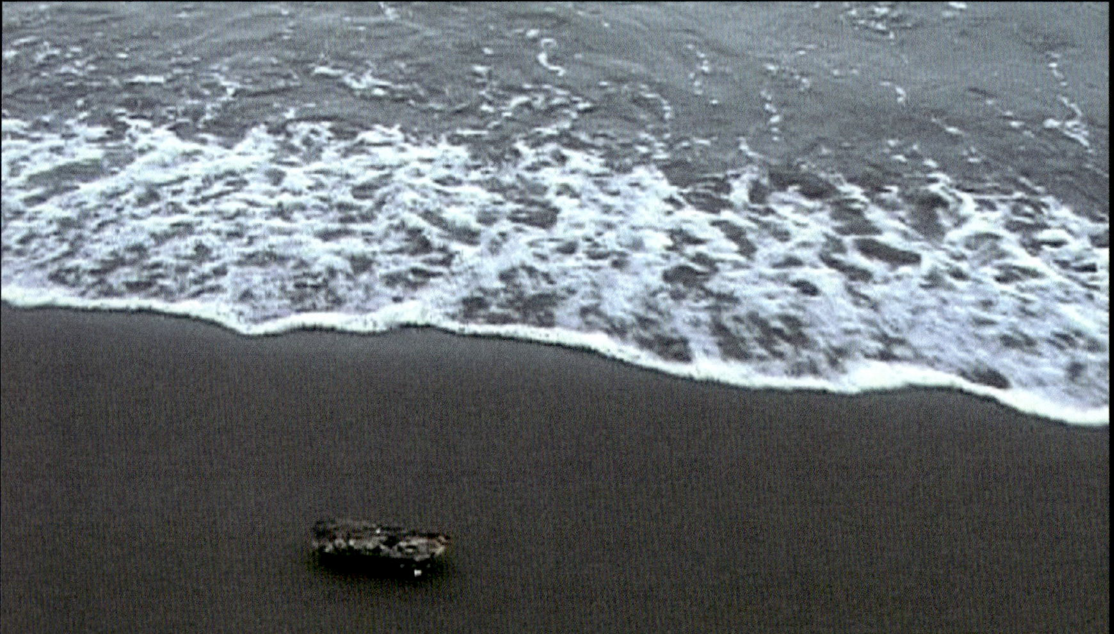

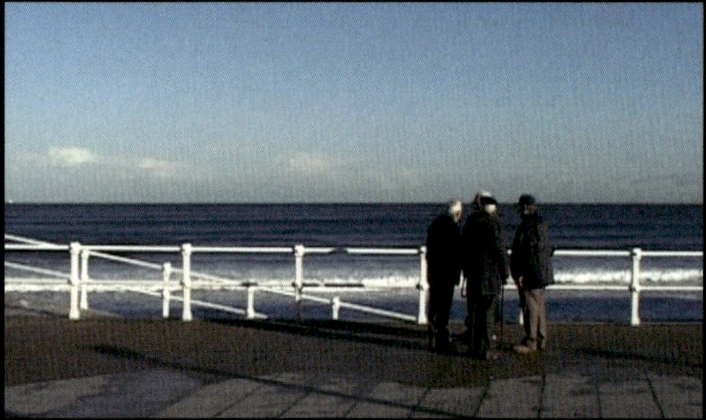

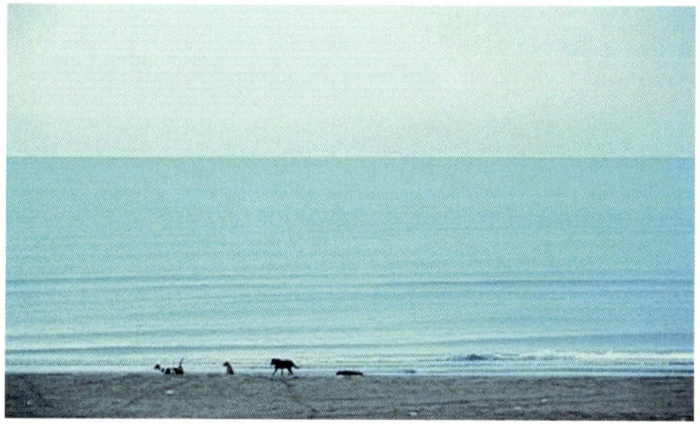

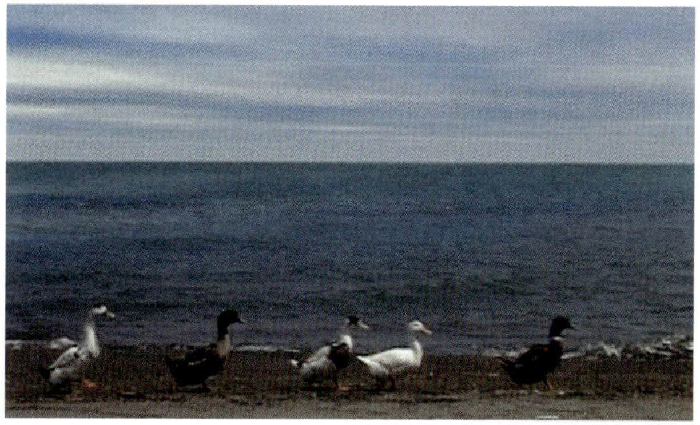

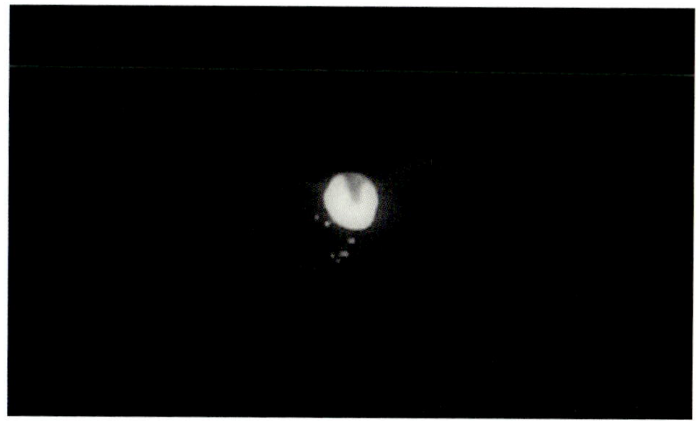

Five. 5 Long Takes Dedicated to Yasujiro Ozu, 2003
Digital-Video, Farbe, 74 Minuten
Digital video, color, 74 minutes

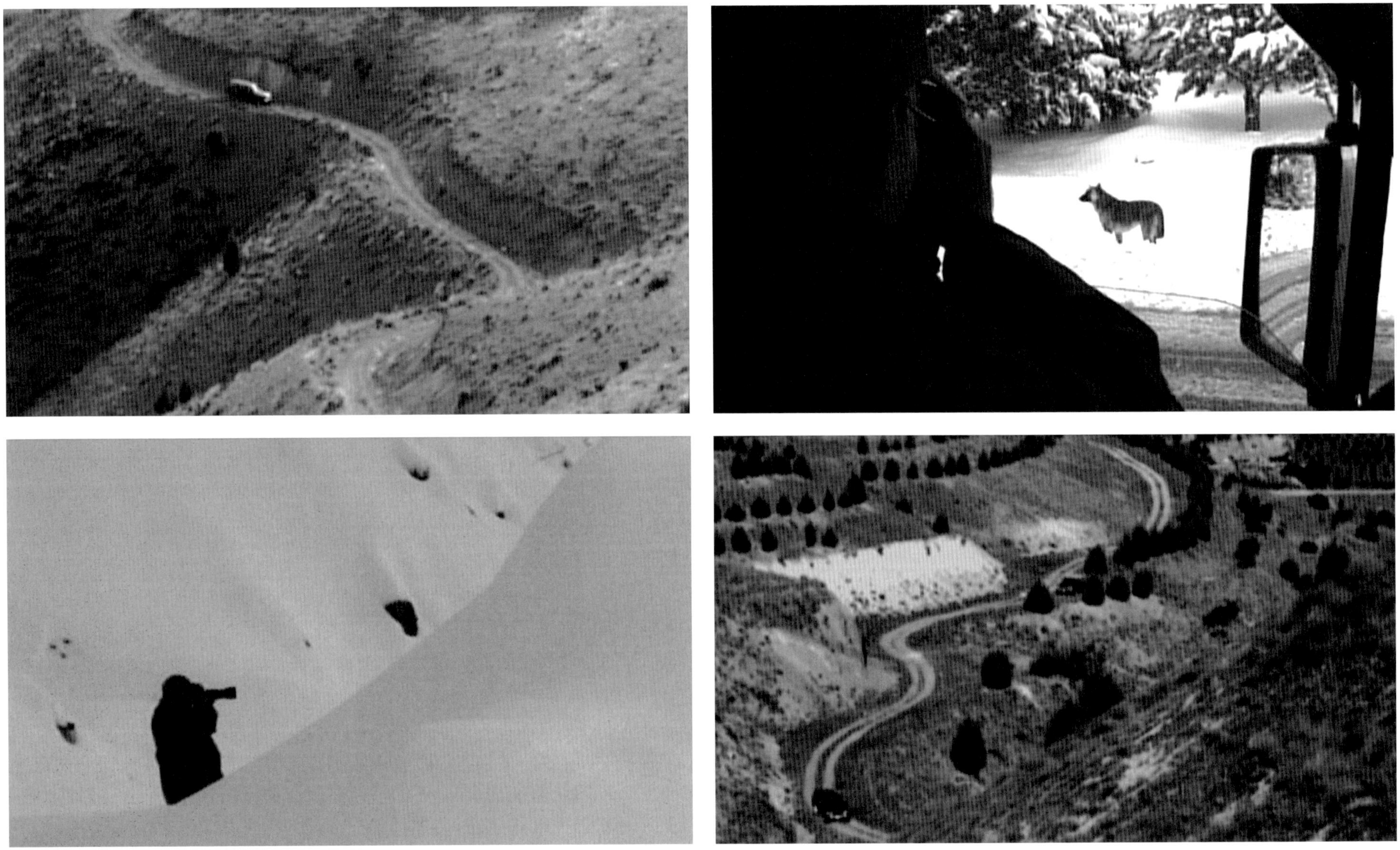

Roads of Kiarostami, 2005
Digital-Video, Schwarzweiß und Farbe, 32 Minuten
Digital video, black-and-white and color, 32 minutes

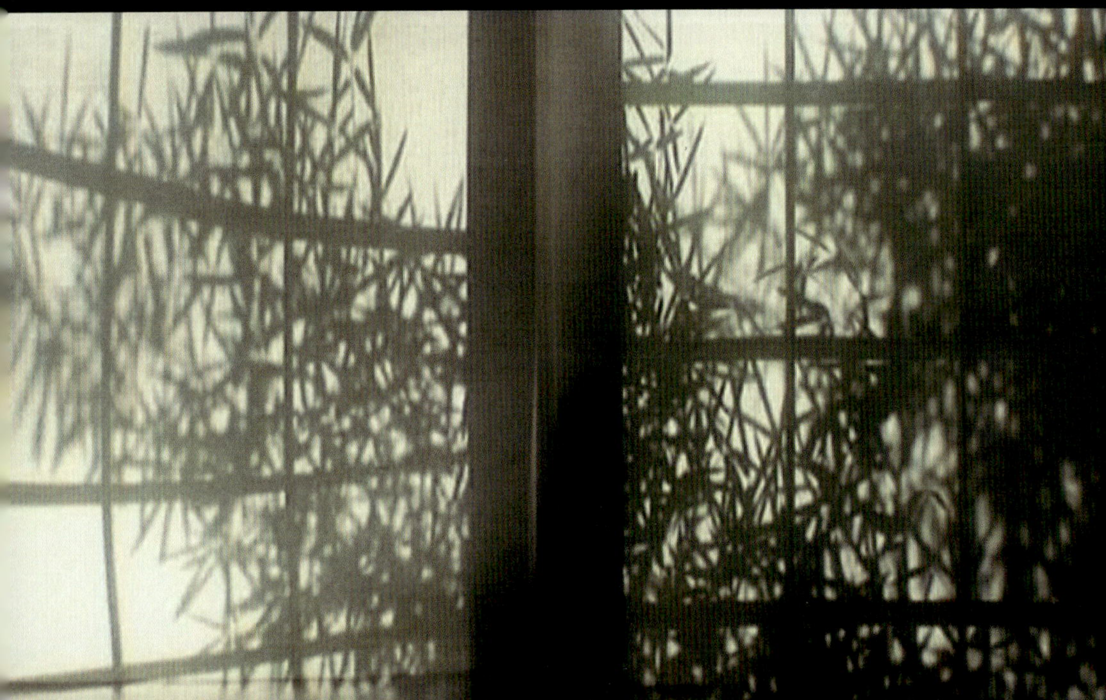

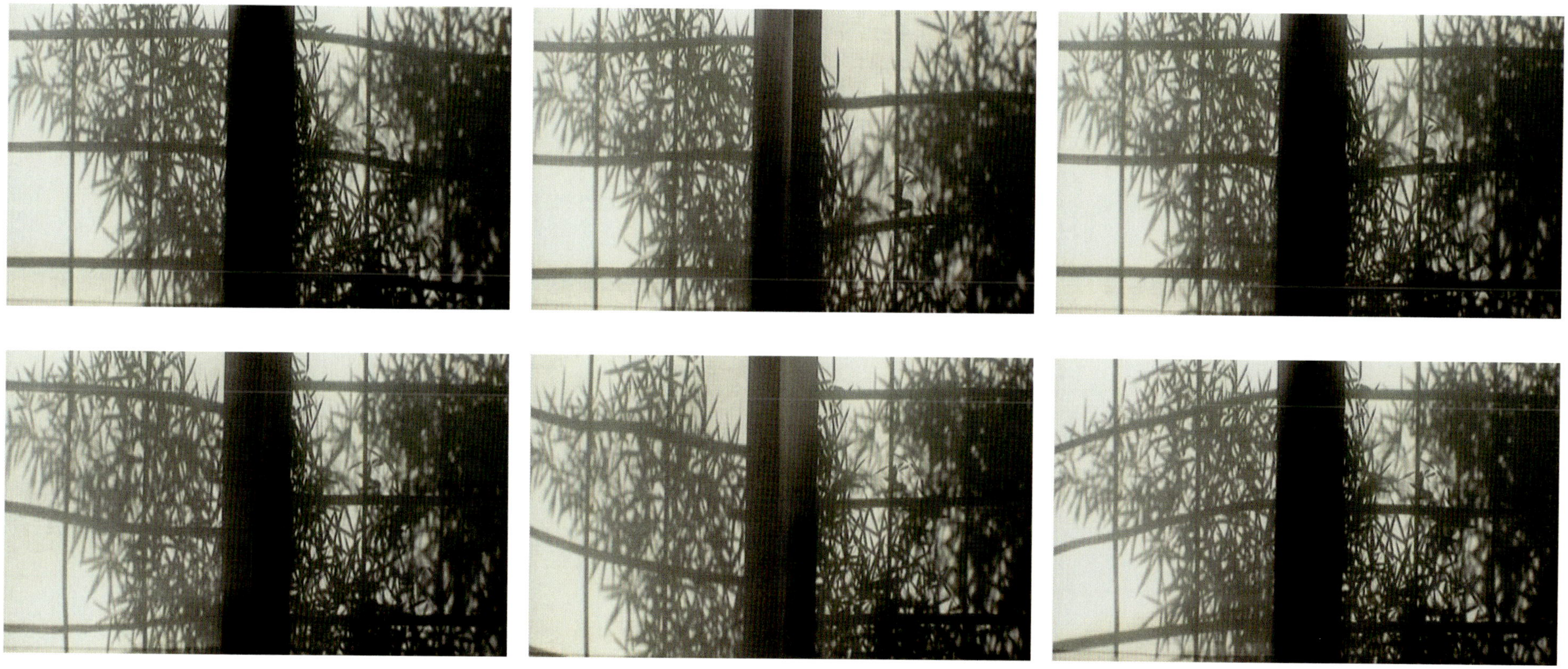

A Summer Afternoon, 2006
Video-Installation, 10 Minuten (Loop)
Video installation, 10 minutes (loop)

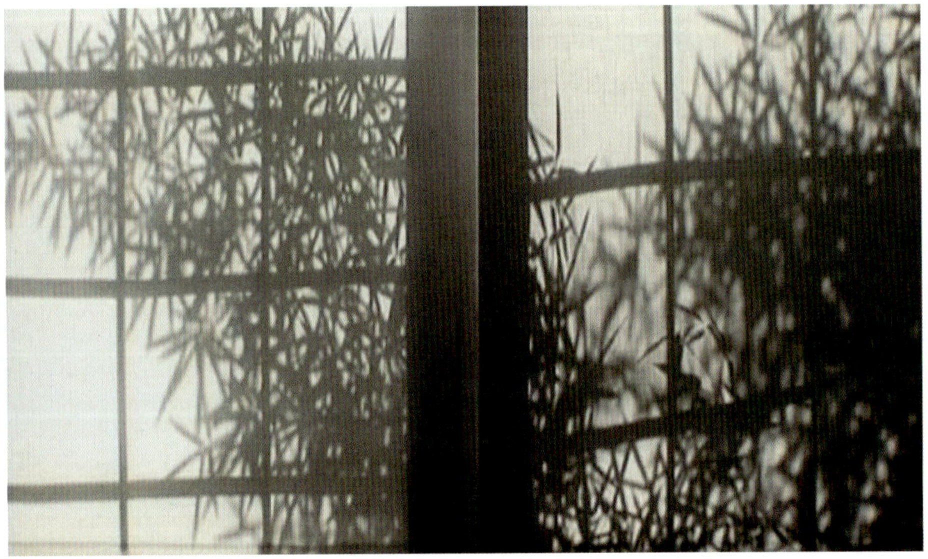

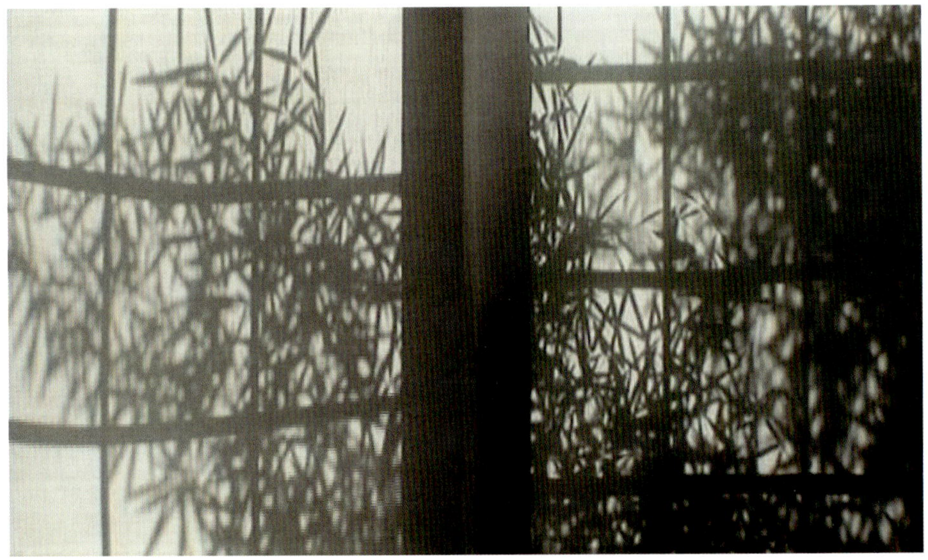

Installationsansicht/Installation View
Ausstellung/Exhibition *Abbas Kiarostami: Image Maker*
The Museum of Modern Art,
P.S.1 Contemporary Art Center
New York, 2007

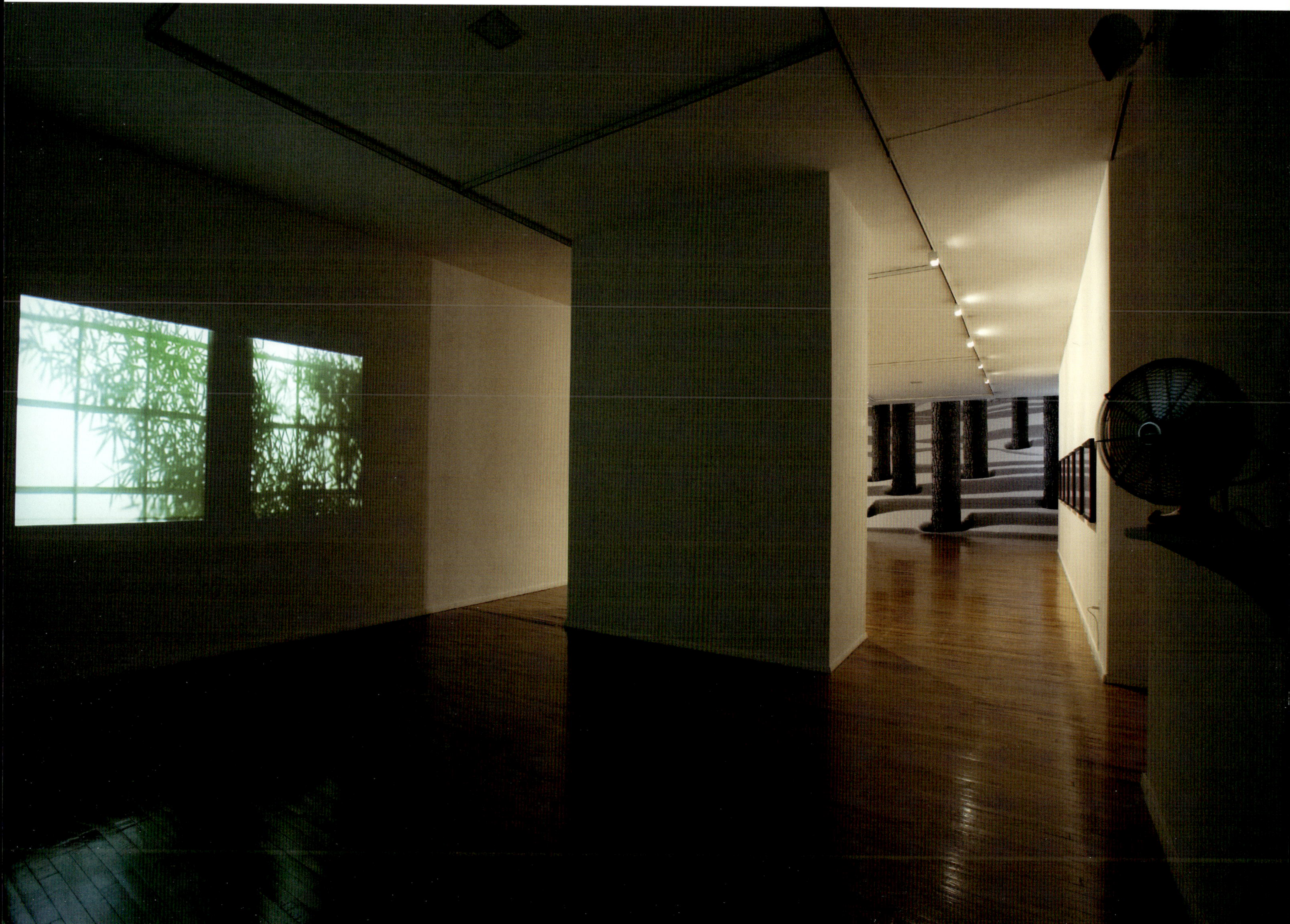

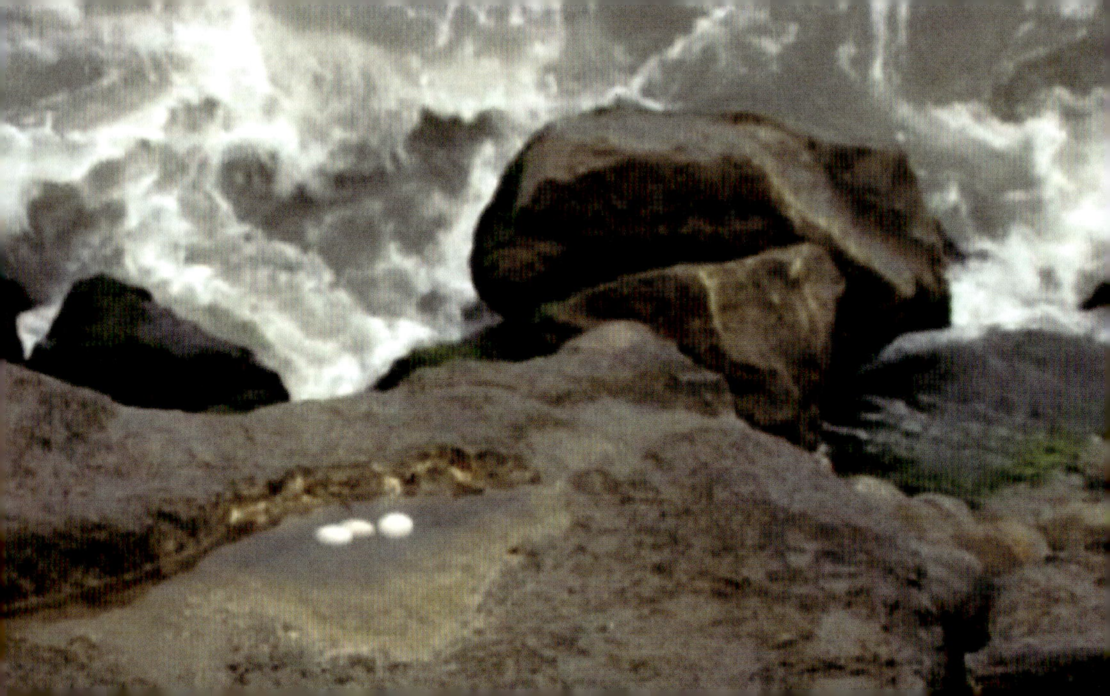

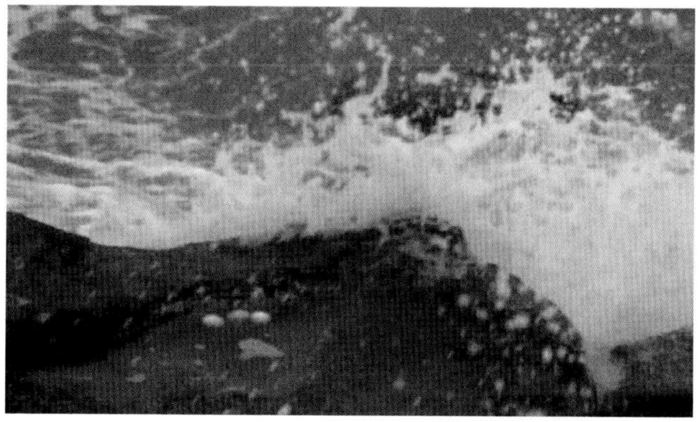 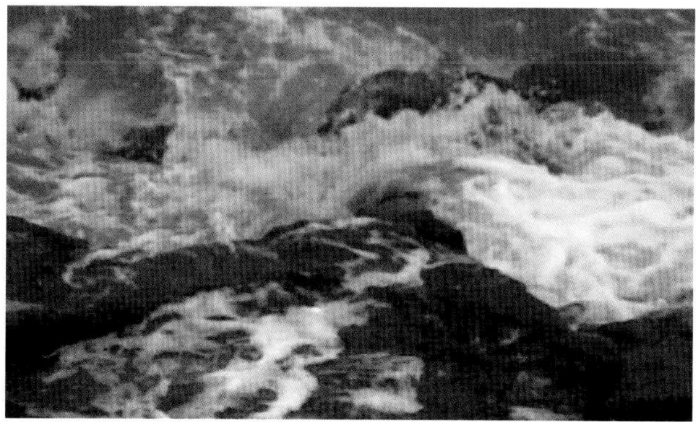 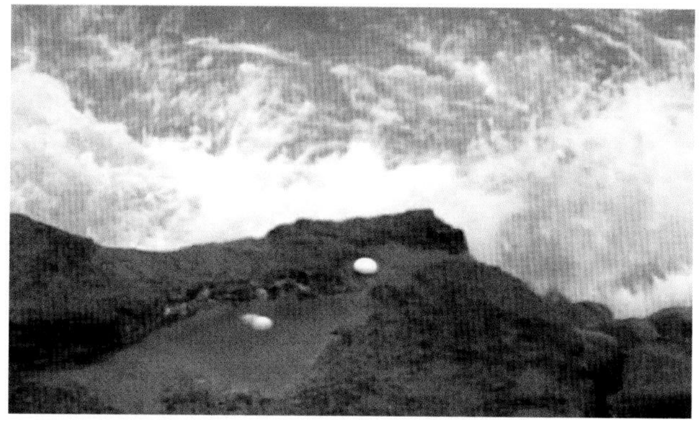

Sea Gulls' Eggs, 2007
Digital-Video, Farbe, 17 Minuten
Digital video, color, 17 minutes

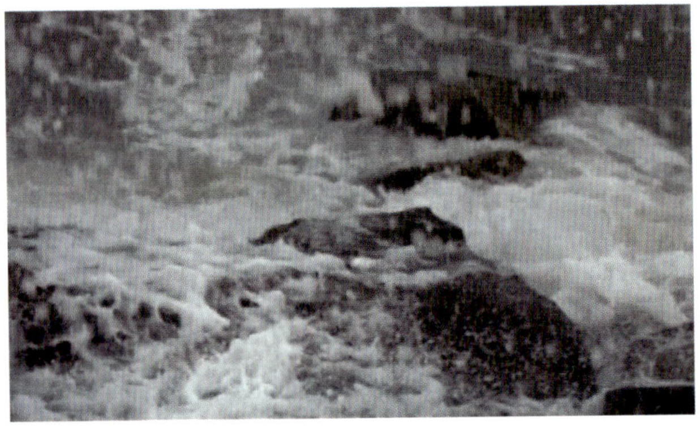

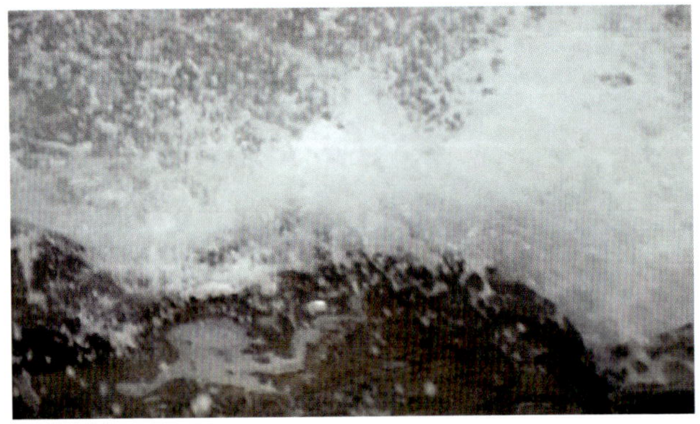

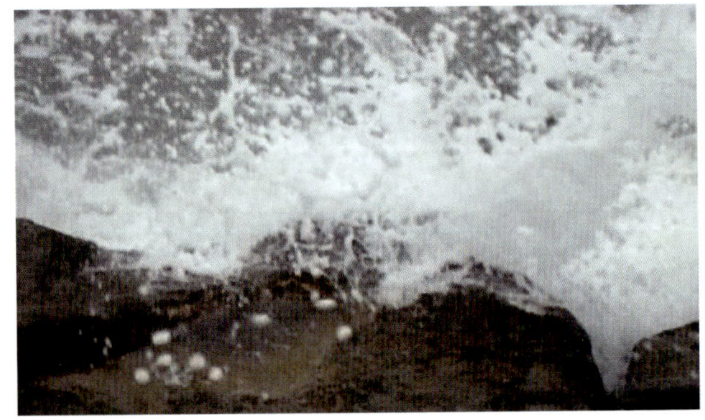

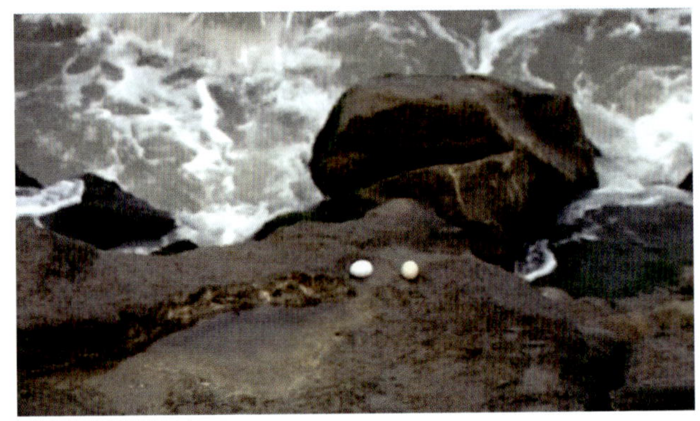

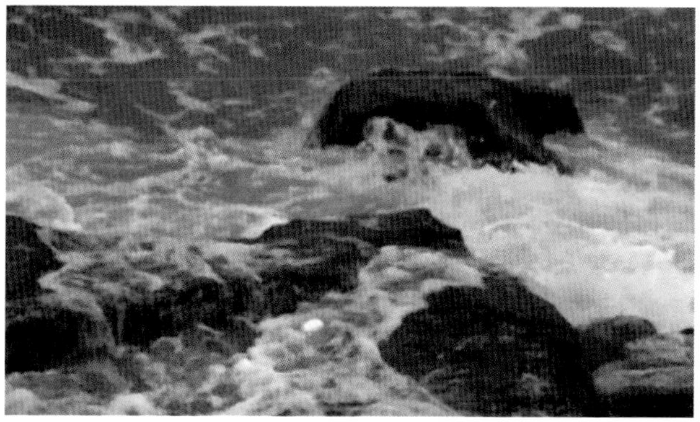
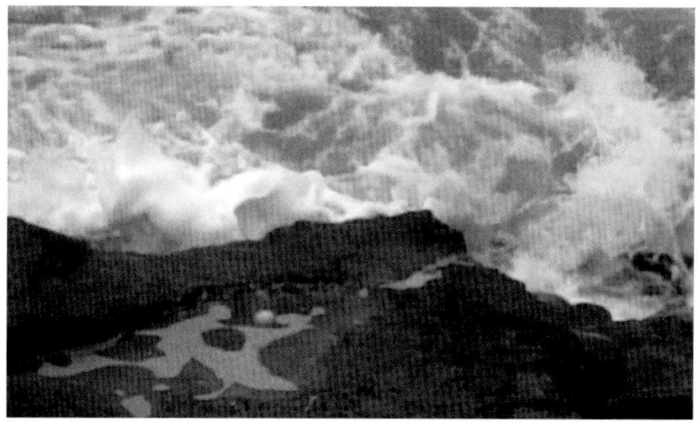
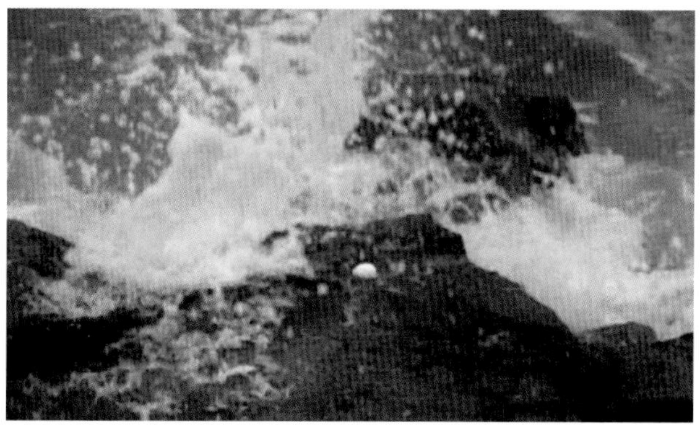
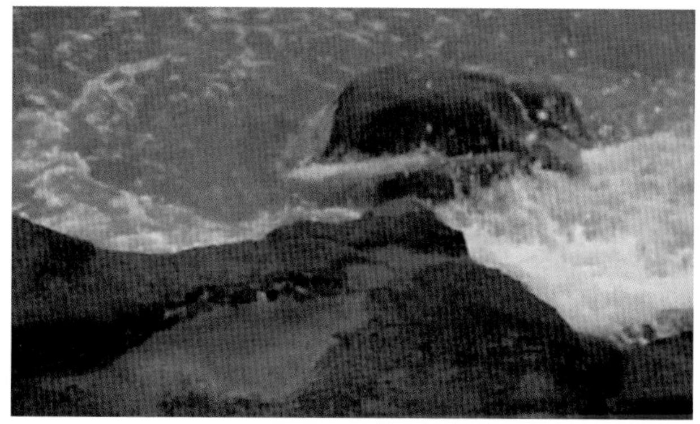

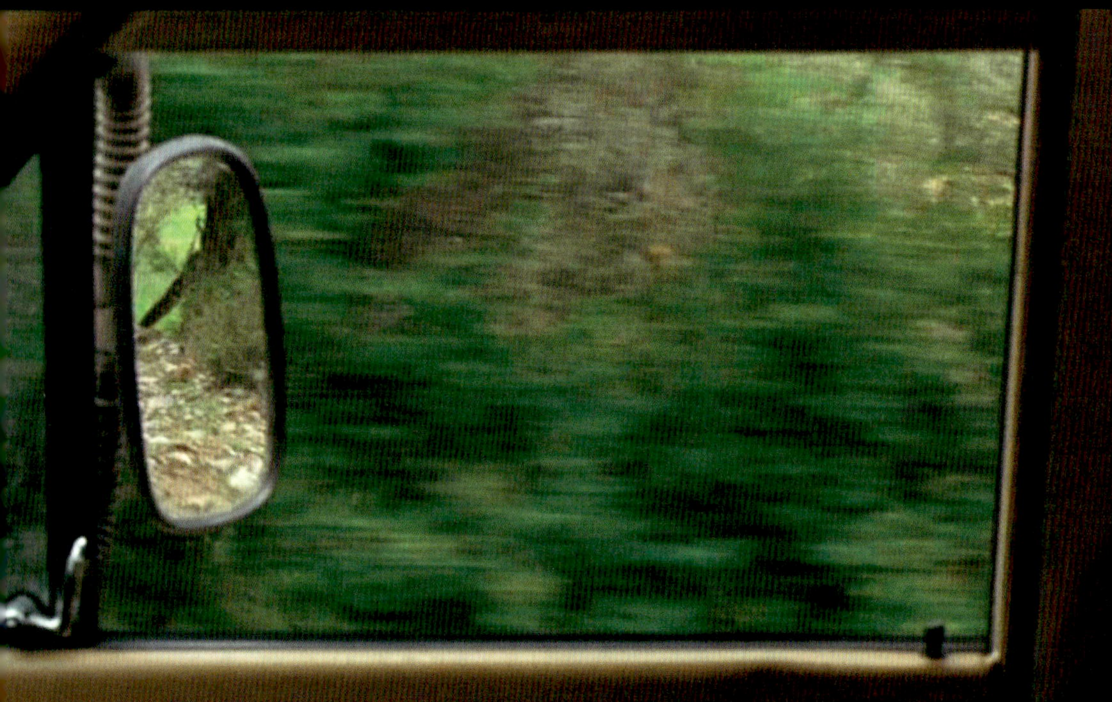

Die Filme von Abbas Kiarostami

Oliver Fahle

Die kinematografische Geste

Die Filme von Abbas Kiarostami haben das internationale Kino seit Anfang der 1990er-Jahre auf einzigartige Weise geprägt. Der iranische Autorenfilmer hat zwar keineswegs als Einzelner, aber doch in besonderer Weise den Iran auf die Landkarte des Weltkinos gesetzt. Seine Filme haben auf verschiedenen renommierten Festivals Preise gewonnen und sind inzwischen internationale Co-Produktionen mit französischen und englischen Stars. Es sind aber vor allem seine Werke um die 1990er-Jahre, etwa *Wo ist das Haus meines Freundes* (1989), *Close-Up* (1990), *Und das Leben geht weiter* (1992), *Quer durch den Olivenhain* (1994), *Der Geschmack der Kirsche* (1997), *Der Wind wird uns tragen* (1999) oder *Ten* (2002), die einen wichtigen Einfluss auf die Ästhetik des Films ausgeübt und eine Reihe von theoretischen Reflexionen, die in den Filmen selbst angelegt sind, ausgelöst haben. Film wird bei Kiarostami auf verblüffende Weise neu gedacht und teilweise erfunden, wobei diese Neuerfindung gerade nicht auf dem Einsatz neuer filmischer Techniken beruht, sondern auf einer Rückführung des Films auf seine eigenen, ganz grundlegenden Möglichkeiten. Dazu gehört etwa die Arbeit mit Laien und ihre Thematisierung durch die Filme selbst, etwa durch die scheinbar zufällige Begegnung mit Einheimischen, die sich oftmals erst durch den Rück- oder Seitenspiegel des Autos ankündigt, so als würde der Film sie eher zufällig aufnehmen. Es sind aber auch filmische Operationen, wie der Blick und das Bild, der Rahmen und die mise-en-scène, das Außerhalb des Bildes, das so genannte hors-champ, und das Außerhalb des Films, das hors-cadre, es sind das Dokumentarische und das Fiktionale, die in ihrem Zusammenspiel als Äußerungs- und Sinnebenen des Films eigentlich lange bekannt sind, die Kiarostami jedoch auf zugleich einfache und komplexe Weise ins cineastische Bewusstsein zurückholt. Im Sinne von Vilém Flusser kann von einer kinematografischen Geste gesprochen werden, der es eigen ist, die Möglichkeiten eines Mediums und der damit verbundenen Sinnschaffung zu begründen.[1]

Damit kommt Kiarostami auch in der aktuellen Entwicklung des Films eine zentrale Stellung zu, denn nach der Auflösung von etablierten Grenzen im postmodernen Kino, etwa zwischen dem Populären und dem Künstlerischen, zwischen den Genres oder zwischen den (film-)historischen Stilebenen, und während der grundlegenden Infragestellung des Films als eigenständiges Medium durch das Eindringen des Digitalen in die analoge Welt des Zelluloids, befragt Kiarostami den Film nicht durch Aufrüstung mit neuen techno-medialen Mitteln, sondern als Rückzug in die basalen Ausdrucksebenen, um auf diese Weise den Film letztendlich über sich selbst hinauszutreiben. Beginn und Überschreitung des Films sind

1
Filmstill aus *Quer durch den Olivenhain*
Still photograph from *Through the Olive Trees*
1994

also bei Kiarostami zugleich am Werk, und damit weist er in eine Gegenwart des Mediums, die über dessen Ende hinaus denkt, indem sie auf die Anfänge zurückkommt.

Der Blick und das Bild

Es gibt einige immer wiederkehrende Einstellungen und Muster bei Kiarostami. Zu den auffälligsten zählt das Auto; die Blicke drinnen, nach draußen, von außen. Viele Filme beginnen mit einer Autofahrt, fast alle Filme enthalten lange Szenen und Dialogsequenzen, die als Bilder und Töne von unterwegs inszeniert werden. Es geht dabei niemals nur um die Protagonisten, die sich von einem Ort zum anderen bewegen, sondern es geht auch um die Fortbewegung des Bildes selbst (Abb. 1–4). Das Auto gehört zu den Fortbewegungsmitteln, und die Kamera, so Gilles Deleuze, »erschiene dann als eine Art Relais oder besser noch als ein verallgemeinertes Äquivalent der Fortbewegungen«.[2] Man kommt Kiarostamis Ästhetik nahe, wenn man den schöpferischen Zug dieser Autoszenen begreift. Deshalb soll zunächst eine der beeindruckendsten Fahrten im Mittelpunkt stehen: der zehnminütige Beginn von *Und das Leben geht weiter,* dem Film, der neben den herausragenden Werken *Wo ist das Haus meines Freundes* und *Close-Up* Kiarostamis internationalen Ruhm begründet hat.

Der Beginn des Films zeigt einen Vater und seinen halbwüchsigen Sohn im Auto, die einen Grenzposten passieren, um in das Gebiet im Nordwesten des Iran hineinzufahren, in dem 1990 ein fürchterliches Erdbeben stattgefunden hat. Diese Fahrt, die Landschaft, die durchquert wird, die Gespräche zwischen dem Vater und dem Jungen, stehen im Mittelpunkt, bevor nach etwa zehn Minuten der Vorspann erscheint. Die Gespräche zwischen Erwachsenen und Halbwüchsigen sowie die nach einer langen Filmeröffnung fast immer relativ spät erscheinenden Credits mit Filmtitel und Regisseur sind ein Kennzeichen von Kiarostamis Œuvre. Dies lässt sich als Hinweis darauf verstehen, dass der Film aus einer gewöhnlichen, alltäglichen und dokumentarischen Gegebenheit gleichsam erst nach und nach hervortritt und daraus eine filmische Situation macht, die stets ein Stück weit kontingent bleibt. Immer könnte die Kamera auch andere Personen, die an Straßen- und Wegesrändern aufkreuzen, in den Fokus nehmen, und manchmal tut sie es auch.

Es fällt auf, dass der Film von Beginn an Bild-Rahmungen, den Cadre, ins Zentrum stellt. Bilder sind also nicht von selbst da, sondern sie bedürfen der Kadrierung. Cadre und Bild sind zwei nicht deckungsgleiche Größen, obwohl sie in den meisten Filmen kaum unterschieden werden.[3] Ein wesentlicher Teil der Ästhetik Kiarostamis beruht jedoch auf dieser Unterscheidung, die immer wieder hervorgehoben wird. Der Unterschied zwischen Cadre und Bild wird also thematisiert, genauer gesagt, die Entstehungsbedingungen des Bildes, die durch den Cadre erst hergestellt werden. Damit fallen auch zwei weitere Beschreibungsmerkmale des Bildes zusammen, die normalweise getrennt betrachtet werden, nämlich Rahmung und Komposition. Beide sind die entscheidenden Definitionsmerkmale des

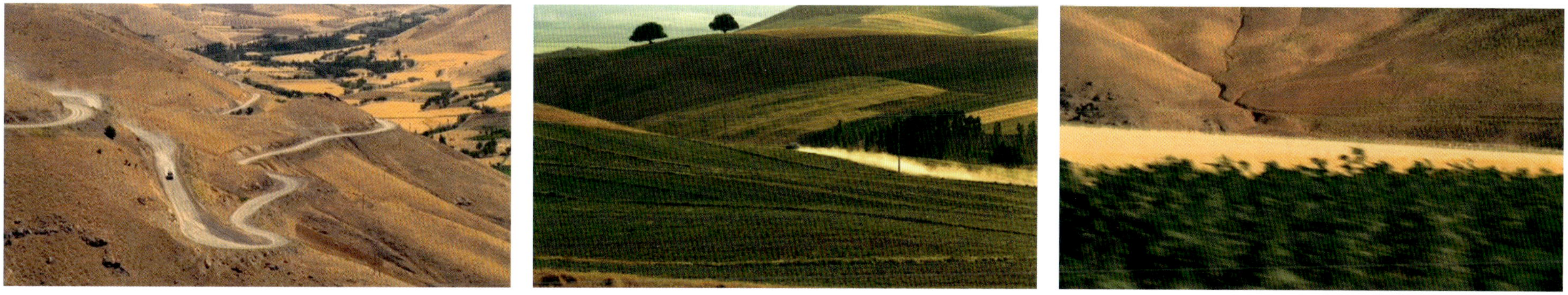

2–4
Filmstills aus *Der Wind wird uns tragen*
Still photographs from *The Wind Will Carry Us*
1999

Bildes, neben vielleicht einer dritten, die darin besteht, das Bild als Vergegenwärtigung von etwas Abwesendem zu begreifen. In *Und das Leben geht weiter* gibt es nun besonders zu Beginn sehr viele Rahmungen innerhalb des Bildes, es dominiert die Bild-im-Bild-Struktur. Das heißt, Komposition ist hier zugleich Rahmung, die Konstitutionsbedingung des Bildes wird in diesem selbst wieder aufgenommen und variiert, denn diese Rahmen-Kompositionen werden nun filmintern vielfach differenziert. So gibt es etwa zu Beginn den Blick ins Auto aus der Position des Grenzpostens. Dann befindet sich die Kamera im Auto, und der Blick aus dem Fahrzeug heraus wird bewusst thematisiert, etwa indem Teile des Interieurs beim Sehen der Landschaft erkennbar sind. Davon zu unterscheiden sind die Sichtweisen, welche die Umgebung sichtbar machen, ohne den Innenraum des Autos zu zeigen, durch die vorüberziehenden Bewegungseindrücke aber dennoch auf das Innere des Fahrzeugs verweisen. Eine weitere Ebene ist der sich verschiebende Rahmen, wenn der Junge kurz aussteigt, um zu urinieren und die Kamera sich vom Vorderfenster zum Rückfenster bewegt, um die Kadrierung durch die Fenster jeweils wieder aufzunehmen, so als könnte das Bild nur durch die doppelte Rahmung von Kamera und Autofenster wirklich entstehen. Schließlich ist noch auf die Spiegelszenen im Auto hinzuweisen, ebenfalls eine in vielen Filmen Kiarostamis gängige Figur. Der Innen- oder Rückspiegel fängt Personen oder Vorgänge im Außerhalb des Bildfeldes ein und inszeniert das damit entstehende visuelle Geschehen als zugleich inner- und außerhalb der Szene (Abb. 1 und 11).

Da der Film sich vor allem aus diesen verschiedenen Fenster- und Blickpositionen zusammensetzt, geht es in erster Linie nicht darum, was das Bild zeigt, sondern vielmehr darum, wie es als Bild, das etwas zeigen kann, überhaupt erst entsteht. Bei Kiarostami liegt der erste filmische Schritt oft in dieser elementaren kinematografischen Geste: zuzusehen, wie Bilder entstehen. Dies legt dann die Basis dafür, die unterschiedlichen Blick- und Bildregime in eine größere Ordnung zu überführen, die etwa in die Entstehung von ganzen Filmen münden können *(Close-Up, Quer durch den Olivenhain)*. Diese Wiederaufnahme von Rahmungsformen ins Bildgeschehen ist kunsthistorisch keineswegs neu, gewinnt aber mit dem Film noch einmal eine neue Dimension. Denn der Film ist durch seine Bewegtheit in der Lage, den Cadre ständig zu verschieben. Der Prozess der Dekadrierung[4] ist geradezu filmspezifisch, und damit rückt im strengen Sinne auch die Unterscheidung zwischen Cadre und Bild erst im Bewegungsbild von Film und Video wirklich in den Mittelpunkt der ästhetischen Diskussion. Aber ähnlich wie das Bild im Bild ist auch die Bewegung beim iranischen Regisseur fast immer verdoppelt, denn das Auto ist ja für sich schon ein bewegliches Ensemble, das dasjenige des Films aufnimmt und in das Blickgeschehen einfügt. Anders gesagt: Das Bewegungsbild des Films wird seiner Bewegung erst durch die Verdopplung durch die Bewegung im Inneren des Films gewahr. Dies geschieht jedoch gerade nicht nur durch die Erzählung, durch narrative Wendungen, sondern eher durch die phänomenale Wahrnehmungserfahrung der Autofahrt, welche das filmische Bewegungsbild in ein bewegtes Bild umformt und umgekehrt den Fluss der Fortbewegung ins Bewegungsbild zurückführt. Bei Kiarostami berühren sich der Film und das Gefilmte nicht als plot und story (das heißt in dem Sinn, dass die Geschichte auf filmische Formen zurückwirkte), sondern als Sehen und Gesehenes, als Medium und Wahrnehmungserfahrung, als mediale und phänomenale Dimension, die sich als die Orte von Film und Zuschauer identifizieren lassen.

Diese Beobachtung lässt sich mit einer weiteren Unterscheidung noch ausdifferenzieren. Wie entstehen Bilder in *Und das Leben geht weiter*? Vor allem dadurch, dass sie aus Blicken hervorgehen. Erst der Blick mit seiner Begrenztheit – denn er ist immer eingerahmt, hat nichts Allumfassendes –, aber auch mit seiner beweglichen Offenheit, lässt das Bild manifest werden. Der Blick ist dem Bild also vorgelagert, und erst aus dem Hin und Her zwischen Blick und Bild konstituiert sich das Sichtbare des Films. Bevor etwas Gesehenes sich manifestiert, muss es zunächst mal gesehen werden. In dieser Anfangsszene von *Und das Leben geht weiter,* aber nicht nur dort, wird gleichsam paradigmatisch vorgeführt, wie sich das Gesehene und das Sehen gleichzeitig bilden, das eine ohne das andere nicht verstanden werden kann. Diese Kopplung von Wahrnehmungs- und Sinnebene des Films ist nicht flüchtig, sondern durchzieht die Filme permanent und stellt die prekäre Öffnung des filmischen Blicks als Blick auf die Welt auf Dauer. Damit verweist der Film darauf, dass er an der Erschaffung des Gesehenen teilhat, dass es vom Film selbst »zur Welt gebracht wird«. Hier geht es also nicht um Repräsentation, der Film repräsentiert nicht eine abwesende Wirklichkeit, sondern bringt diese erst hervor – er arbeitet gleichsam am Werden der Wirklichkeit. Daher kommt man den Filmen Kiarostamis nicht nahe, wenn man sie mit konventionellem semiotischen und narratologischen Vokabular erfasst. Die Bilder bedeuten die Welt nämlich immer nur soweit, wie sie sich selbst erschaffen. Das Bild ist also nicht Repräsentation, es symbolisiert nichts, sondern es bringt etwas zur Welt, es schafft eine Präsenz. Damit schließt Kiarostami im Rahmen der filmischen Moderne an neorealistische Positionen an. Das Bild geht der Welt nicht voraus, diese wird jedoch durch den Film auch nicht naiv wiedergegeben. Wie schon André Bazin in Bezug auf die späten Filme Roberto Rossellinis behauptete, bilden die Welt und der Blick auf diese einen »unteilbaren Block«[5]. Präsenz kann daher nicht als Wirklichkeit verstanden werden, die einfach da ist, so als wäre sie reine

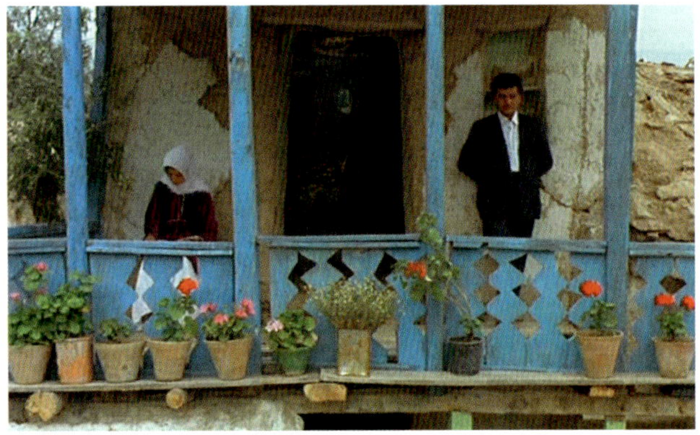

5
Filmstill aus *Quer durch den Olivenhain*
Still photograph from *Through the Olive Trees*
1994

Wahrheit oder Offenbarung, ein Stück reine Sichtbarkeit. Denn der eben beschriebene filmische Akt führt ja selbst ganz evident das Verhältnis von Sichtbarem und Unsichtbarem mit sich. Die Rahmen-Motive verweisen auf einen entscheidenden Aspekt des Bildes überhaupt, nämlich auf die stets zu vollziehende (Durch-)Trennung von Sichtbarem und Unsichtbarem, von Anwesenheit und Abwesenheit. Präsenz verweist demnach immer auch auf den Entzug, der Bildern inhärent ist.[6]

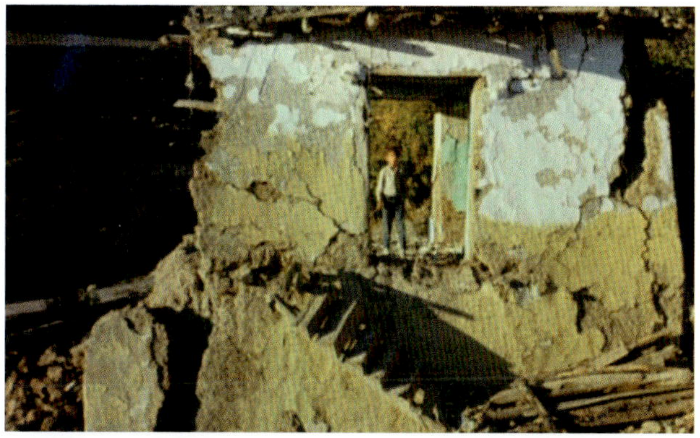

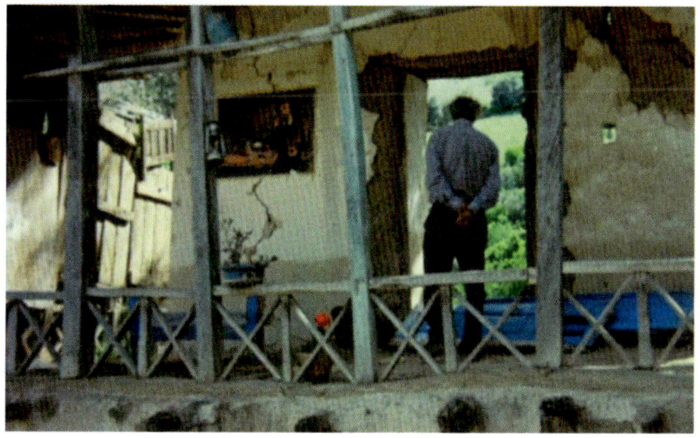

6+7
Filmstills aus *Und das Leben geht weiter*
Still photographs from *Life and Nothing More*
1992

Evidenz

Entzug, Abwesenheit, Außen: Kiarostamis Filme entwerfen ein permanentes Oszillieren zwischen den filmischen Parametern, die eine solche Alteration hervorbringen: champ und hors-champ, Rahmung und Komposition, Blick und Bild, Sichtbares und Unsichtbares, Dokument und Fiktion. Dies kommt in *Und das Leben geht weiter* zwar exemplarisch zum Ausdruck, findet sich aber in vielen wichtigen Filmen als ästhetische Figuration wieder *(Close-Up, Quer durch den Olivenhain, Ten)*. Damit eröffnen die Filme nicht nur Wahrnehmungsräume des Visuellen, sondern führen auch eine Bildästhetik der Gegenwart weiter. Jean-Luc Nancy etwa begreift Kiarostami als einen Filmautor der Evidenz. Kiarostami schließt in gewissem Sinne an das moderne Kino an, aber nicht, indem er die Brüche der Repräsentation in den Mittelpunkt rückt, sondern dadurch, dass das Sehen, das durch Filmbilder ermöglicht wird, als Hinsehen, als Hinein- oder Durchsehen inszeniert wird. Der Blick, so Nancy, wird gedrängt zu schauen.[7] Davon zeugen die oft sehr langen Plansequenzen und Kamerabewegungen, ebenso wie die Blicke aus oder auf Türrahmen, Fenster, Mauerlücken und Balustraden, die gleichsam freigegeben werden, die als (Er-)Öffnung des Blickens begriffen werden können (Abb. 5–7). Immer verweist der Blick auch auf ein dunkles Loch, auf nicht-sichtbare Orte, auf Personen, die im Dunkeln bleiben, die in Häusern oder Erdlöchern sitzen und dem Blick verborgen bleiben. Durchdringung und Verschließung bedingen sich. In *Der Geschmack der Kirsche* geht es dem Protagonisten darum, in einem Erdloch zu verschwinden, in *Der Wind wird uns tragen* steht der Protagonist auf einem Berg und wartet in einem Dorf auf die Möglichkeit, ein bestimmtes Bild zu machen. Auch er spricht mehrmals mit einem Mann im Erdloch, der niemals zu sehen sein wird (Abb. 12): Auch hier kommt ein Spiel von Aufdecken und Verschließen zum Vorschein, Bildrelationen von oben und unten, innen und außen, Sichtbarem und Unsichtbarem, Vorder- und Hintergrund (das Erdloch befindet sich vor einer gewaltigen Berglandschaft, die sich fast künstlich vom Vordergrund absetzt).

Man ist versucht, diese Unterschiede als Differenzen zwischen dem Sichtbaren und dem Unsichtbaren in einem transzendenten Sinne, also etwa als göttliche Fügung, zu verstehen, die Differenz als die zwischen dem Offensichtlichen und seinem Imaginären, zwischen dem Realen und der Fantasie oder den Mythen auszugeben, so als sei das Bild nur eine sichtbare Hervorbringung eines grundsätzlich Unsichtbaren. Doch diese Position weist Nancy zurück, denn Evidenz meint gerade die Reinigung von Imaginärem, Imagination und Visionen, die selbst immer noch auf Repräsentationen zurückverweisen.

Es geht bei Kiarostami um das Bild selbst, das sich entrollt und damit seine eigene Evidenz, diesseits aller religiösen und imaginären Unsichtbarkeiten, freilegt: »Es geht nicht um Vision – sehend oder voyeuristisch, phantasierend oder halluzinierend, ideengetragen oder intuitiv –, sondern einzig um den Blick: um die Öffnung des Sehens auf ein Reales, wohin der Blick sich bewegt und welches er in dieser Weise auch auf sich zu bewegen lässt. Es geht um ein ›Bewegen‹ und ›Sich-Bewegen‹, ein ›Forttragen‹ und um die damit einhergehende Distanz: einen Blick bis zur Intensität einer Evidenz und seiner Richtigkeit bringen. Zweifellos nicht zur Evidenz dessen, was einfach gegeben ist (platt oder empirisch, wenn überhaupt jemals so etwas möglich ist), sondern die Evidenz dessen, was im Begriff ist, sich zu zeigen, wenn man einen Blick wirft [...]. Denn das Kino wird zu jener Kunst des Blicks, die durch eine Welt möglich gemacht und eingeklagt wird, die nur auf sich selbst zurückverweist und auf ihr Reales.«[8]

Der moderne Film der 1960er Jahre, mit Werken von Jean-Luc Godard, Michelangelo Antonioni, Federico Fellini, Alexander Kluge, Wim Wenders, Chris Marker, um nur einige zu nennen, hat diese Evidenz des Blicks bereits zum Thema gemacht, jedoch vor allem in Bezug auf den unterschiedlichen

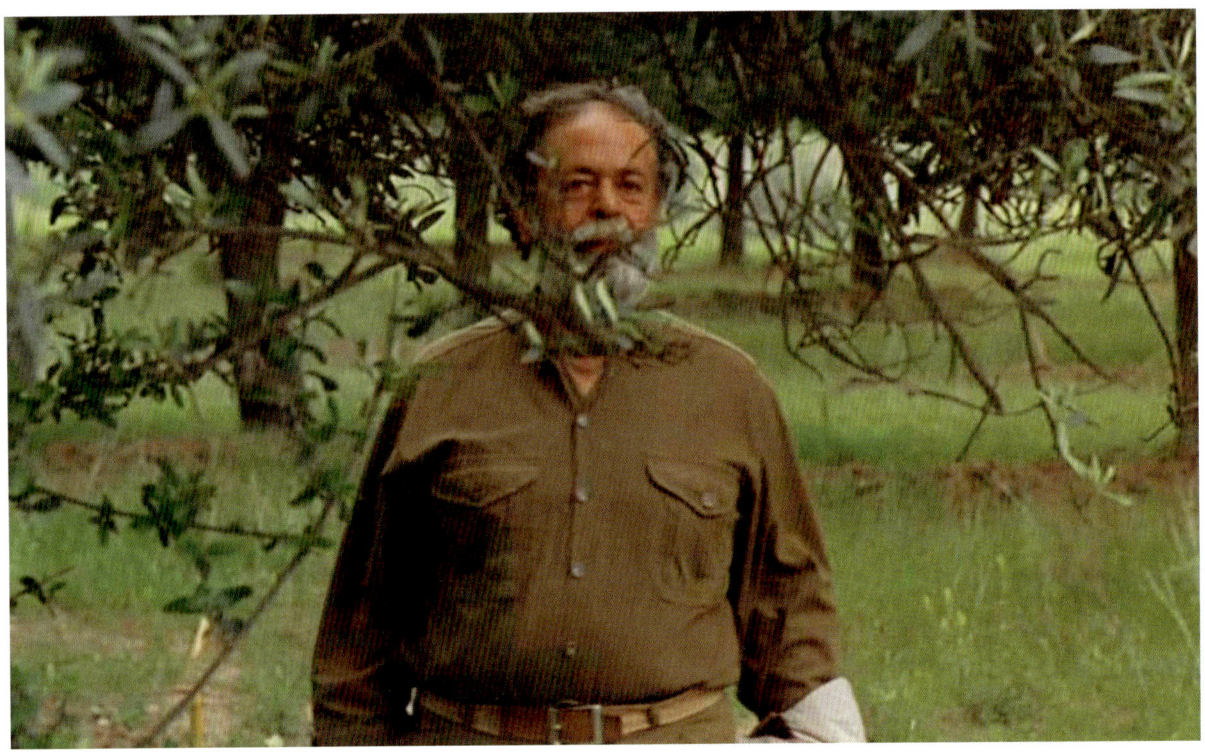

8
Filmstill aus *Quer durch den Olivenhain*
Still photograph from *Through the Olive Trees*
1994

Zugang, den verschiedene Medien (Schrift, Comic, Fotografie, Werbung, Fernsehen) zur Wirklichkeit eröffnen. Der Film, der sich selbst als Manifestationsform des Realen im klassischen Film zurückzieht, sollte als Zugangsschwelle zur Wirklichkeit, die nun auch von anderen Medien bestückt wird, relativiert werden.[9] Kiarostami hingegen befragt den Film als Öffnung auf das Reale, das in seinen Filmen in untrennbaren außerfilmischen und filmischen Ebenen zugleich anwesend ist, auf radikale und einfache Weise. Dabei spielt etwa das Erdbeben im Iran von 1990 oder die ›wahre‹ Geschichte des sich als Filmemacher ausgebenden Sabzian in *Close-Up* eine entscheidende Rolle, denn es erlaubt die gleichzeitige oder doppelte Öffnung des Films und der außerfilmischen Wirklichkeit, ohne eines als Mittel zum Zweck des anderen zu begreifen. Noch einmal Nancy: »Mit dem Kino wird die Wand eine Öffnung, die in die Welt geschnitten worden ist, auf diese Welt. Das ist der Grund, warum der immer wieder auftauchende Vergleich des Kinos mit der platonischen Höhle nicht haltbar ist: der Grund der Höhle bezeugt ganz genau ein Außen der Welt, aber im Negativ, und bewirkt so die Diskreditierung der Bilder, wie wir wissen, oder die Forderung, jene Bilder zu betrachten, die höher und reiner sind und ›Ideen‹ genannt werden. Das Kino operiert umgekehrt: es reflektiert kein Außen, es öffnet das Innere auf sich selbst.«[10] Kiarostamis Kino fordert also auf, nicht nur das Verhältnis zwischen der Welt und dem Film, sondern das Öffnungsgeschehen auf die Welt, welches das Kino betreibt, ästhetisch und epistemisch zu ergründen.

Film und Welt

In Kiarostamis Filmen scheint stets das Paradox auf, dass die Welt und das Kino gleichermaßen präsent sind und dennoch beide über sich hinausweisen. Daher siedeln sich seine Werke immer an einer Grenze an, die den Film zur Welt führt und umgekehrt, die das »Wirklich-Werden des Films und das Film-Werden der Wirklichkeit«[11] ineinander verschränkt und reflexiv aneinander bindet. Auch damit kehrt er an einen entscheidenden Moment der filmischen Moderne zurück, die neben der medialen Bedingtheit filmischer Bilder die Unauflösbarkeit fiktionaler und dokumentarischer Bilder behauptet hatte.[12] Interessant ist jedoch, dass das Dokumentierende als scheinbar naiver Weltbezug bei Kiarostami durchaus mitgeführt wird, wenn auch nur als Fluchtpunkt, der immer wieder bei filmischen Operationen landet. Dies ist sicherlich am konsequentesten in *Quer durch den Olivenhain* durchgeführt, der, wie Lorenz Engell ausführt, vier Filme in einem enthält. Da stellt sich ein Schauspieler vor die Kamera und sagt, er sei ein Regisseur, der ein Filmprojekt am Ort Koker durchführt (Abb. 8). Dann sehen wir den zweiten Film, nämlich die Dreharbeiten des Filmteams in Koker, in dem sich der Schauspieler als Regisseur, anders als zu Beginn, nicht mehr selbstreflexiv ans Publikum wendet. Schließlich gibt es den dritten Film, den der Regisseur dreht. Und schließlich den vierten Film, der diese drei ersten Filme umfasst.[13] Diese vier Filme stehen nun wiederum in einem komplexen Verhältnis zur außerfilmischen Realität, geht es doch um die ästhetische Verarbeitung des realen Erdbebens, das bereits in vorherigen Filmen von Kiarostami

Thema war. So wird das Werben von Hossein, der unbedingt Tahereh heiraten möchte, sowohl dokumentarisch (Film 2) als auch fiktional (Film 3) thematisiert und mit den außerfilmischen Umständen gerechtfertigt. Gerade die Verschränkung von innerfilmischen Wirklichkeiten und außerfilmischer Wirklichkeit bleibt dabei prekär und ist bestenfalls als Wandel oder Umschlag zu beschreiben. »Eine Lösung für den Film kann es nur in der filmischen und zugleich ununterscheidbar – wenngleich verschiedenen – außerfilmischen Situation geben; auf der Schwelle also, aus der der Film hervorgegangen ist. Entsprechend uneindeutig ist die lange Schlusseinstellung, in der Hossein an Taherehs Seite nahezu außer Sichtweite durch eine weite Ebene läuft; schließlich umkehrt, Tahereh ziehen lässt und rasch zurückrennt (Abb. 9 und 10). Wir wissen nicht, ob seine Werbung erhört wurde oder nicht (auch wenn die Musik das nahe legt); nicht einmal, ob sie überhaupt angehört wurde. Wir wissen auch nicht, wer diese Szene beobachtet (der Regisseur? Und wenn ja, welcher Regisseur?) und welche Kamera sie aufgenommen hat. [...] Das Verhältnis von Bild und Welt oder von Zeichen und Welt wird uneindeutig. Entweder repräsentiert das Bild – und keines mehr als das des Films – die Welt und sich selbst als ihr Teil; oder es ist vielmehr die Welt, die sich – und sei es mithilfe des Films – im Bild vor sich selbst gestellt sieht. Der ästhetische Zustand vermittelt Welt und Bild aneinander und beide an sich selbst. Ob der Film sich in der Welt oder die Welt sich im Film beobachtet, in beiden Fällen ist es die Transformationsbewegung, in der eins zum anderen wird, die dafür sorgen wird, das danach etwas anderes sein wird als zuvor.«[14]

Alles, was in einen Film eintritt, ist Film. Es hört aber dadurch nicht auf, das Außerhalb des Films einzubeziehen. Bei Kiarostami geht es sehr oft um diese Umschlagbewegung, die sich ihrerseits einer Beschreibung entzieht, da sie Innen und Außen dynamisch aneinander bindet. In *Ten* bestehen alle zehn Episoden aus Dialogen der Protagonistin mit Fahrgästen in ihrem Auto, wobei jeweils eine der Sprechenden nahezu die gesamte Zeit aus dem Off spricht. Diese Überakzentuierung des Off verweist zugleich auf den Ort des Beobachters und den Ort der Kamera. Der Dialog wird also nicht nur aus dem Off geführt, das Unsichtbare ist nicht nur das hors-champ, sondern zugleich das hors-cadre, der Punkt der Wirklichkeit, von dem aus gefilmt wird. Durch dieses ständige Sprechen in das Außerhalb des Bildes wird dieses und damit der gesamte Film gleichsam an seinen eigenen Rand gedrängt und auch die (reale?) Welt dahinter fokussiert, obwohl sie kaum sichtbar wird. In einem der beeindruckendsten Dialoge spricht die Protagonistin mit einer Prostituierten, die sie offenbar mitgenommen hat. Diese bleibt während der gesamten Fahrt im hors-champ. Nachdem sie ausgestiegen ist, wird sie jedoch als hinweg huschender Schatten, der in der Nacht Teherans verschwindet, in Szene gesetzt. Dadurch wird nahegelegt, dass es sich nicht um eine Schauspielerin handelt, sondern um eine ›echte‹ Prostituierte, und der Film schlägt um ins Dokumentarische, das aber ähnlich wie in *Quer durch den Olivenhain* die Grenze zum Fiktionalen im Unklaren belässt. Die filmische Bewegung bei Kiarostami führt zugleich ins Kino und in die Welt hinein – die Öffnung der Wand nach Nancy – bringt sie aber damit nicht zur Deckung, sondern vervielfacht im Gegenteil die Überlagerungen zwischen dem Bild der Realität und der Realität des Bildes.

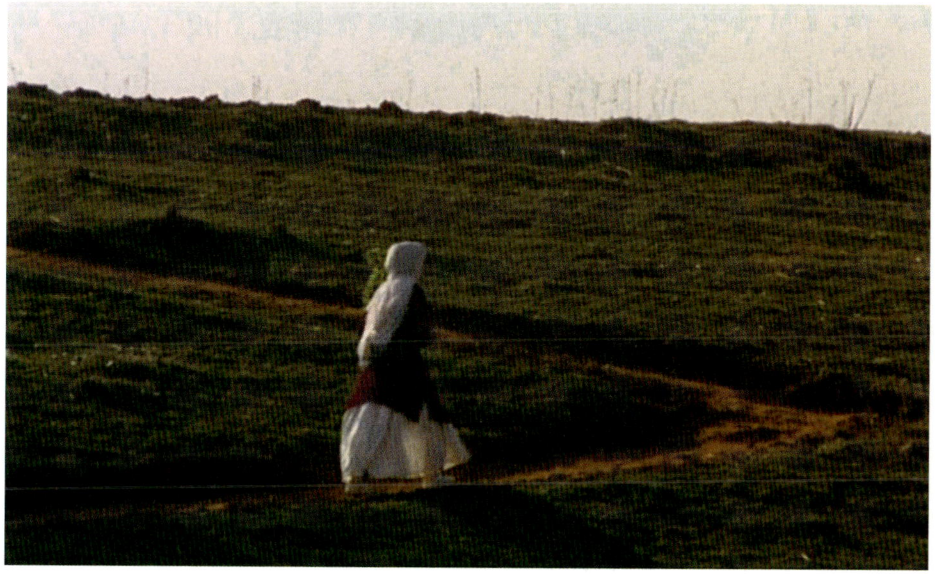

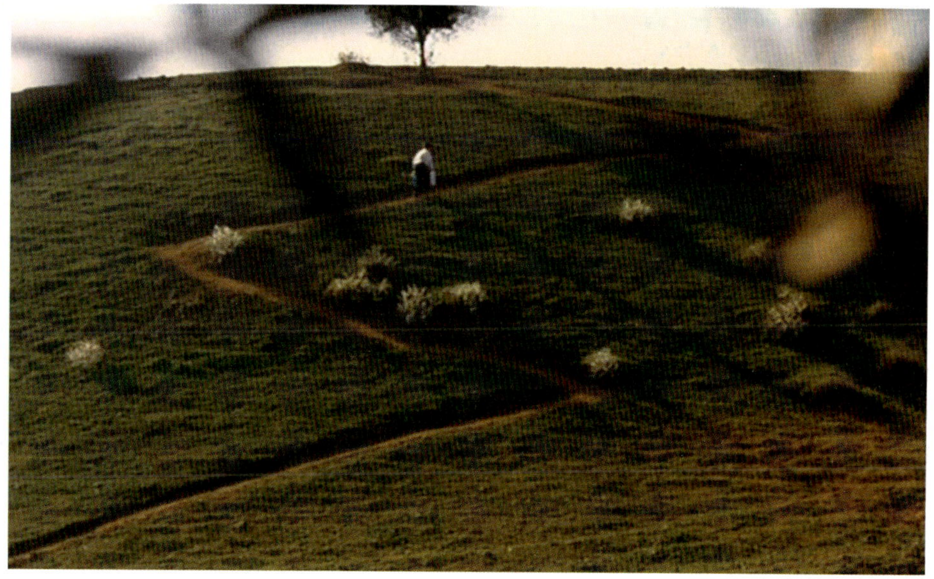

9 + 10
Filmstills aus *Quer durch den Olivenhain*
Still photographs from *Through the Olive Trees*
1994

Dies wird in dem frühen Meisterwerk *Close-Up* radikal vorgezeichnet und ausgespielt. Der arbeitslose Sabzian gibt sich gegenüber der Familie Ahankhah als der berühmte Filmemacher Makhmalbaf aus und verspricht ihnen, einen Film in ihrem Haus zu drehen. Der Schwindel fliegt auf und Sabzian wird der Prozess gemacht. Kiarostami wird auf diesen Fall, der als fait divers in einer Zeitung auftauchte, aufmerksam und rekonstruiert die Situation, indem er die Beteiligten den Fall teilweise nachspielen lässt. Die Recherche durch den Journalisten, die Verhaftung Sabzians und vor allem der Prozess werden von Kiarostami nachgestellt und mit dokumentarischer Kamera gefilmt. Sabzian wird schließlich nach seinem Gefängnisaufenthalt vom echten Makhmalbaf, als den er sich ausgegeben hatte, abgeholt und auf dem Motorrad zur getäuschten Familie Ahankhah gefahren, denen er als Entschuldigung einen Blumenstrauß überreicht. Wie viele Filme Kiarostamis hat *Close-Up* den Bezug zu einer außerfilmischen Begebenheit. Diese wird rekonstituiert, aber nicht in einem journalistischen und scheinbar objektiven Sinne, sondern als Rekonstruktion und Komplettierung. Anders als in *Quer durch den Olivenhain* wird der Fall in *Close-Up* tatsächlich zu einem gewissen Abschluss gebracht, und zwar durch den Film, dessen Filmemacher Sabzian hätte sein können, der in gewissem Sinn die Idee zu dem Film Kiarostamis hatte. Doch auch Makhmalbaf sorgt durch sein Eingreifen für den Abschluss der Geschichte. Sabzian, Makhmalbaf, Kiarostami, drei Regisseure, ein Film.

Kiarostamis Film befreit Sabzian zudem vom Vorwurf des einfachen Betrügers, indem er die Fiktion, in die sich Sabzian durch sein Täuschungsmanöver begeben hatte, selbst als filmisch legitimes Verfahren ausgibt. Aus Betrug wird Fiktion. Die Dokumentation entlarvt nicht die Fiktion, so als wäre sie etwas Verwerfliches, sondern sie ergänzt und vervollständigt sie. Youssef Ishaghpour erinnert an eine Unterscheidung aus der Mimesis-Theorie von Aristoteles, um das ästhetische Vorgehen Kiarostamis zu beschreiben. Aristoteles hatte zwischen der Geschichte und der Poesie differenziert: Während erstere das beschreibt, was gewesen ist, wirft letztere die Frage nach dem auf, was gewesen sein könnte. Die Kunst verhilft den Dingen demnach zu der Fülle des Seins, die ihnen in der Realität verwehrt bleibt. In Bezug auf *Close-Up* heißt das: »Für Kiarostami wäre das Ideal – wenn es ein solches gibt – die Vollendung der Realität durch das künstlerische Schaffen in der Einzigartigkeit des reproduktiven Bildes. Durch den Eingriff in die Realität wird deren verborgene Seite manifest, denn der Film überträgt nicht die Realität in ein fiktives Universum, sondern er bedient sich des Umwegs über die Fiktion, um der Realität eine Fülle zu verleihen, die sie ohne ihn nicht erreicht hätte.«[15]

Kiarostami rekonstituiert jedoch die Realität immer nur durch die filmischen Mittel selbst. Was der Realität zurückgegeben werden kann, kann wiederum nur durch den Film selbst geschehen. So steht der Film am Beginn und am Ende. Er eröffnet den Blick auf die Welt, wie es etwa am Beginn von *Und das Leben geht weiter* exzessiv ausgestellt wird. Er »vervollständigt« die komplexe Realität aber auch durch die Verschränkung des Dokumentarischen mit dem Fiktionalen wie in *Close-Up* oder, wie in *Quer durch den Olivenhain,* durch die Thematisierung der Dreharbeiten, in denen sich das Filmische und das Außerfilmische in verschiedenen Schleifen selbst bedingen.

In einem seiner bislang letzten Werke, *Copie Conforme* (2010), wird diese Haltung programmatisch auf den Punkt gebracht, indem der Protagonist, der ein Buch über das Verhältnis von Original und Kopie geschrieben hat, behauptet, dass er eine bessere Kopie einem schlechten Original vorziehe. Zwar geht es in dieser Diskussion vor allem um die klassische Kunst, doch kann darin auch ein Ansatz für eine Programmatik des technisch reproduzierten Bildes des Kinos gesehen werden. Film ist immer schon Kopie, aber er rekonstituiert die Ereignisse, die durch die Operationen des Filmischen überhaupt erst ihren Weg in eine Realität finden. Die Informationen sind immer nachträglich, wie etwa durch den Journalisten in *Close-Up* deutlich wird, der durch den Wunsch, bei der Arretierung Sabzians anwesend zu sein, diese Nachträglichkeit umso deutlicher dokumentiert. Ganz anders das filmische Bild, so Nancy: »Das Bild definiert also eine Welt, wo das Gegebene zurückgegeben werden muss: es muss empfangen und wiedererschaffen werden, um das zu sein, was es ist.«[16] Die Evidenz drückt sich im Film aus, gerade weil er mit den Ausschnitten, dem Unsichtbaren und der Abwesenheit, aber auch mit dem Möglichen rechnet. »Aber das Reale zurückgeben, um es zu *realisieren,* bedeutet wesentlich: es *anschauen*.«[17] Dahin muss das Kino immer wieder zurückkehren.

1 Vilém Flusser, *Gesten. Versuch einer Phänomenologie,* Frankfurt/Main 1994, S. 119 ff.
2 Gilles Deleuze, *Das Bewegungs-Bild. Kino 1,* aus dem Französischen von Ulrich Christians und Ulrike Bokelmann, Frankfurt/Main 1991, S. 17.
3 Michel Chion, *Le son,* Paris 2004, S. 223.
4 Pascal Bonitzer, *Décadrages. Peinture et cinéma,* Paris 1985.
5 André Bazin, *Was ist Film?,* aus dem Französischen von Robert Fischer und Anna Düpee, Berlin 2004, S. 396.
6 Hans-Ulrich Gumbrecht, *Diesseits der Hermeneutik. Die Produktion von Präsenz,* Frankfurt/Main 2004.
7 Jean-Luc Nancy, *Evidenz des Films. Abbas Kiarostami,* aus dem Französischen von Rike Felka, Berlin 2005, S. 11.
8 Ebd., S. 15 f.
9 Oliver Fahle, »Der Film der Zweiten Moderne oder Filmtheorie nach Deleuze«, in: Friedrich Balke und Marc Rölli (Hrsg.), *Philosophie und Nicht-Philosophie. Gilles Deleuze – Aktuelle Diskussionen,* Bielefeld 2011, S. 120 ff.
10 Nancy 2005 (wie Anm. 7), S. 37.
11 Lorenz Engell, *Bilder der Endlichkeit (Serie moderner Film, 5),* Weimar 2005, S. 118.
12 Jean-Louis Comolli, *Voir et pouvoir. L'innocence perdue: cinéma, télévision, fiction, documentaire,* Paris 2004.
13 Engell 2005 (wie Anm. 11).
14 Ebd., S. 140.
15 »Pour Kiarostami, l'idéal s'il y en a, ce serait l'accomplissement de la réalité, grâce à la création artistique, dans la singularité même de l'image de reproduction. En y intervenant pour permettre à sa part cachée de devenir manifeste, le cinéma ne transpose pas la réalité dans un univers fictif, mais en se servant, au passage, de la fiction, il restitue à la réalité une plénitude que, sans cela, elle n'aurait pas atteinte par elle-même«, Youssef Ishaghpour, *Kiarostami. Le réel, face et pile,* Belval 2007, S. 29.
16 Nancy 2005 (wie Anm. 7), S. 29.
17 Ebd.

Abbas Kiarostami's Films

Oliver Fahle

The Cinematographic Gesture

Abbas Kiarostami's films have had a unique influence on international cinema since the beginning of the nineteen-nineties. As an Iranian maker of director's films or cinéma d'auteur, he may well not have been the only one to make a mark for Iran on the world cinema map, but he did so in a special way. His films have won prizes at various renowned festivals, and are now made as international coproductions with French and English stars. But above all it was his works made around the nineteen-nineties such as *Where Is My Friend's House?* (1989), *Close-Up* (1990), *Life and Nothing More* (1992), *Through the Olive Trees* (1994), *Taste of Cherry* (1997), *The Wind Will Carry Us* (1999), and *Ten* (2002) that have exercised a significant influence on film aesthetics and stimulated considerable theoretical reflection suggested by the very makeup of the films. In an astonishing way, Kiarostami rethinks and in part even reinvents cinema, though the reinvention is not based on the use of new film techniques, but rather on a restoration of film to its own fundamental possibilities. One aspect of this is work with lay actors and explicitly addressing this work in the films themselves, for example the seemingly unplanned encounter with people native to the venue, often prefigured in the rearview or side mirror of a car, as if the film were picking them up by chance. But it is also cinematic operations such as the gaze and the image, the frame and the mise-en-scène, the off-screen, called the hors-champ, and the outside of the film, called the hors-cadre, the documentary and the fictional character: their interaction as expressive and meaning levels of film has actually been long known, but Kiarostami recalls them in a simple but complex manner to cinematic consciousness. With Vilém Flusser we could speak of a cinematographic gesture which is specifically suited to establish the possibilities of a medium and the creation of meaning associated with it.[1]

On this basis, Kiarostami assumes a central position in the present-day development of film because after the dissolution of established boundaries in post-modern cinema, for example between popular and artistic, between genres and between (film) historical styles, and in the face of the fundamental challenge to film as an independent medium by the penetration of the digital into the analogue world of celluloid, Kiarostami encounters film not by reequipping it with media-technological resources, but by means of a retreat to the basic expressive levels in order to drive film beyond itself. Thus, the origin and surpassing of cinema are operative in Kiarostami at the same time, and he leads into the present of a medium that thinks beyond its end by returning to its beginnings.

The Gaze and the Image

There are some recurrent shots and patterns in Kiarostami. The passenger car is among the most conspicuous ones; looking within, looking out, looking from outside. Many films begin with a car drive, almost all include long scenes and dialogue sequences that are staged as images and sounds on the way. The point is never only the protagonists, who move from one place to another, rather the point is also the movement of the picture itself (figs. 1–4). The car is one of the means of motion, and the camera, according to Gilles Deleuze, "is like a general equivalent of all the means of locomotion."[2] We come close to Kiarostami's aesthetics when we grasp the creative aspect of these car scenes. Therefore, let us start with a focus on one of the most impressive car rides, the ten-minute beginning of *Life and Nothing More,* the film that, in addition to the outstanding works *Where Is My Friend's House?* and *Close-Up,* established Kiarostami's international fame.

The opening of the film shows a father and his teenaged son in a car going through a border crossing to enter the northwestern region of Iran where a terrible earthquake occurred in 1990. This trip, the landscape that they pass through, the conversations between the father and the boy are the center of attention before the opening credits appear after about ten minutes. The conversations between adults and young people as well as the fact that the credits with the film title and the name of the director almost always appear relatively late are a characteristic of Kiarostami's oeuvre. This can be understood as an indication that the film so to speak only emerges gradually from a common, everyday, documentary event, making a cinematic situation of it that to a certain extent always remains contingent. The camera is always in a position to focus on other people who turn up at the side of the streets and paths, and sometimes it actually does this.

It is conspicuous that from the very beginning the film centers on the picture frames, the cadre. The images are thus not there of their own accord, they need the framing. Frame (cadre) and image are two factors that do not coincide although they are hardly distinguished in most films.[3] But an essential part of Kiarostami's aesthetics is based on this distinction, which is repeatedly emphasized. The distinction between cadre and image is thus addressed, more precisely, the conditions of the formation of the image, which are produced by the cadre. Thus, two further descriptive features of the image coincide which are normally viewed apart, namely framing and composition. Together, these two are the decisive defining features of the image, perhaps in addition to a third, that is, understanding the image as the presentation of something absent. In *Life and Nothing More,* there are, especially at the beginning, many framings within the image, the image-in-image structure is dominant. This means that composition is at the same time framing, the constitutive condition of the image is integrated into the image itself and varied there inasmuch as these frame-compositions are multiply differentiated within the film. Thus, for example, at the beginning there is the gaze into the car from the position of the border guard. Then the camera is in the car, and the gaze out of the vehicle is consciously addressed, for example when parts of the interior can be recognized when the landscape is in view. These must be distinguished from the perspectives which make the surroundings visible without showing the car's interior but still betoken the interior through the transient impressions of motion. A further level is the shifting frame when the boy briefly gets out to urinate and the camera moves from the front to the rear window to resume the framing with the window as if the image could only really come to be by means of the double framing of camera and car window. Finally, the mirror scenes in the car bear mentioning; this, too, is a common figure in many of Kiarostami's films. The interior mirror or the rearview mirror captures people or events outside of the image field and stages the visual process that thus comes to be as something at once inside and outside of the scene. (figs. 1 and 11)

Since the film is constituted above all of these various window and viewing positions, the point is not primarily what the image shows, but rather how it comes to be as an image that can show something at all. In Kiarostami's work, the first step in the film frequently consists in this elementary cinematographic gesture: watching how images come to be. This then lays the foundation for commuting the various regimens of the gaze and the image into a wider order that can lead to the emergence of entire films *(Close-Up, Through the Olive Trees)*. This integration of frame forms in the pictorial process is not at all a novelty in the history of art, but takes on a new dimension with film. For the film is always in a position to shift the cadre by means of its motion. The process of "decadrization,"[4] deframing, is quite specific to film; thus, it is only the movement-image of film and video that genuinely centers aesthetic discussion on the distinction between cadre and image. But in analogy to the image in the image, movement is almost always doubled in the Iranian director's work, for the car is in itself already a mobile ensemble that picks up the mobility of the film and integrates it into the process of looking. To put it in other words: the movement-image of the film only becomes aware of its movement by means of the movement in the interior of the film. However, this takes place not only through the narrative, by means of narrative twists, but rather through the phenomenal experience of perception of the car trip which transforms the cinematic movement-image into a moved image, and conversely, restores the flux of movement to the movement-image. In Kiarostami's work, the film and what is filmed do not touch each other as plot and story (that is, in the sense that the story takes effect on cinematic forms), but rather as seeing and what is seen, as medium and perceptual experience, as a medial and phenomenal dimension which can be identified as the locations of film and viewer.

This observation can be differentiated by means of a further distinction. How do images in *Life and Nothing More* come to be? Above all inasmuch as they emerge from gazes. It is only the gaze in its limitation—for it is always framed, it has no comprehensive character—as well as with its mobile openness that makes the image manifest. The gaze is thus prior to the image, and it is only from the to and fro between gaze and image that the visible of the film is constituted. Before something visible manifests itself, it must first be seen. This opening scene of *Life and Nothing More*, but not only it, demonstrates quasi paradigmatically how what is seen and seeing are formed simultaneously and that the one cannot be understood without the other. This link between the perceptual and meaning level of the film is not fleeting, but rather permanently permeates the films and makes the precarious opening of the cinematic gaze enduring as a view of the world. Thus, the film betokens that it participates in the creation of what is seen, that it is "brought into the world" by the film itself. The point is thus not representation, the film does not represent an absent reality, but rather it is what produces it—the film works so to speak on the coming to be of reality. For this reason, Kiarostami's films will be missed if they are approached with a conventional semiotic and narratological vocabulary. The images only mean the world to the extent that they create themselves. The image is thus not representation, it does not symbolize anything, but rather it gives birth to something, it creates a presence. Thus, in the context of cinematic modernity, Kiarostami connects with Neorealist positions. The image is not prior to the world, but the world is also not naively reproduced by the film. As André Bazin already claimed with respect to Roberto Rossellini's late films, the world and the gaze at the world form an indivisible block.[5] Hence, presence cannot be understood as a reality that is simply there, as if it were pure truth or revelation, a piece of pure visibility. For the cinematic act just described quite evidently involves the relationship between the visible and the invisible. The frame motifs are indicative of a decisive aspect of the image in general, specifically of the distinction and cut between the visible and invisible, between presence and absence. Accordingly, presence always also refers to the removal inherent to images.[6]

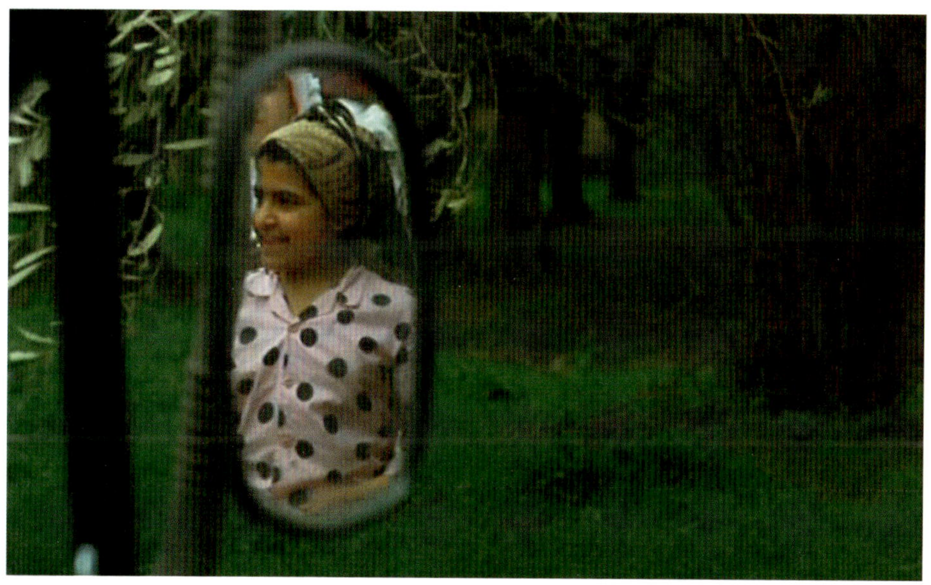

11
Filmstill aus *Quer durch den Olivenhain*
Still photograph from *Through the Olive Trees*
1994

The Evident

Removal, absence, outside: Kiarostami's films contrive a permanent oscillation between the cinematic parameters that bring about such an alteration: champ and hors-champ (on-screen and off-screen), framing and composition, gaze and image, visible and invisible, document and fiction. This is expressed in exemplary fashion in *Life and Nothing More,* but it recurs in several important films as an aesthetic figuration *(Close-Up, Through the Olive Trees, Ten).* The films thus not only open perceptual spaces of the visual, but also further develop a contemporary pictorial aesthetics. Jean-Luc Nancy, for example, understands Kiarostami as a film auteur of the evident. In a certain sense, Kiarostami connects with modern cinema, but not by focusing on the fractures in representation, but rather by staging the seeing that is made possible by cinematic images as watching, as looking into and through. According to Nancy, the gaze is pressed to look.[7] This is demonstrated by the often very extended long takes and camera movements as well as by the views from or of doorframes, windows, wall gaps, and balustrades, which are in a way made available and can be understood as an opening of seeing (figs. 5–7). The view always refers to a dark hole, to non-visible places, to people who remain in the dark, sitting in houses or holes in the earth and hidden from view. Penetration and exclusion condition each other. In *Taste of Cherry,* the protagonist's goal is to disappear in a hole in the earth, in *The Wind Will Carry Us,* the protagonist is standing on a mountain and waiting in a village for a possibility to make a certain picture. He, too, speaks several times with a man in a hole in the earth who is never to be seen (fig. 12): Here, too, a play of uncovering and closing comes to light, pictorial relationships of top and bottom, inside and outside, visible and invisible, foreground and background (the hole in the earth is in front of a massive mountainous landscape that is almost artificially set off from the foreground).

It is tempting to interpret these distinctions as differences between the visible and the invisible in a transcendent sense, say as an act of divine providence, the difference as one between the obvious and its imaginary, between the real and fantasy or myths, as if the image were only a visible production of something fundamentally invisible. But Nancy rejects this position for the evident means precisely the purging of the imaginary, imagination, and visions, which themselves refer back to representations. The point in Kiarostami's work is the image itself that unrolls, thus exposing its own evidence on the near side of all religious and imaginary invisibilities. "We are not dealing with sight—seeing or voyeuristic, fantasizing or hallucinating, ideative or intuitive—but solely with looking: it is a matter of opening the seeing to something real, toward which the look carries itself and which, in turn, the look allows to be carried back to itself. This is about such a 'carrying' and 'carrying itself,' and about its carrying distance: to carry and take a look upon the intensity of an evidence and its aptness—probably not what is evident in what is simply given (plainly or empirically, provided something like that is ever possible), but what is evident in what shows up when one does take a look.... [C]inema is becoming this art of looking made possible and required by a world that refers only to itself and what is real in it...."[8]

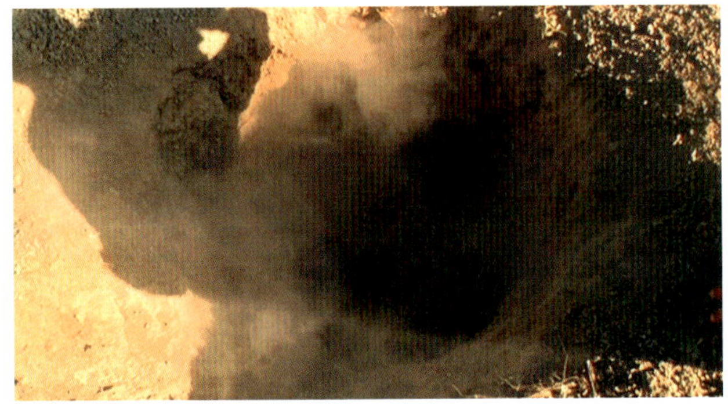

12
Filmstill aus *Der Wind wird uns tragen*
Still photograph from *The Wind Will Carry Us*
1999

The modern cinema of the nineteen-sixties already addressed this evidence of looking with works by Jean-Luc Godard, Michelangelo Antonioni, Federico Fellini, Alexander Kluge, Wim Wenders, Chris Marker, to name but a few, but above all with regard to the different access to reality afforded by the various media (writing, comics, photography, advertising, television). The role of the film, which is withdrawing as a manifestation form of the real in classical cinema, should be recognized in its relativity as an access point to reality, for this access point is also being occupied by other media.[9] By contrast, Kiarostami examines cinema in a radical and simple manner as an opening to the real, which in his films is present simultaneously on indivisible non-cinematic and cinematic levels. In this process, such things as the 1990 earthquake in Iran and the 'true' story of Sabzian, who in *Close-Up* purports to be a filmmaker, play a decisive role inasmuch as they permit the simultaneous or double opening of film and of non-cinematic reality without understanding the one as the means to the other's end. To quote Nancy again: "With film, the wall becomes an opening cut in the world onto this very world. That is why the recurrent attempt to compare cinema with Plato's cave is inaccurate: precisely, the depths of the cave attest to an outside of the world, but as a negative, and this sets up the discrediting of images, as we know, or it demands a consideration for images that are loftier and purer, named 'ideas.' Film works the opposite way: it does not reflect an outside, it opens an inside onto itself."[10] Kiarostami's cinema thus demands that we explore aesthetically and epistemically not only the relationship between the world and film, but also the process of opening the world which is performed by cinema.

Cinema and World

In Kiarostami's films, the paradox always becomes manifest that the world and the cinema are equally present and yet that both lead beyond themselves. For this reason, his works are always located at a border leading the film to the world and the world to the film which interlocks "how the film becomes real and reality becomes film"[11] and links them reflectively to each other. With this, too, he returns to a decisive aspect of the modern cinematic era, which in addition to the medial conditionality of cinematic images had postulated the indissolubility of fictional and documentary images.[12] It is, however, interesting that the documentary aspect as a seemingly naive relationship to world is always present in Kiarostami, even if only as a vanishing point, always ending in cinematic operations. This is certainly done most rigorously in *Through the Olive Trees,* which, as Lorenz Engell explains, contains four films in one. First, an actor comes in front of the camera and says that he is a director doing a film project in the village of Koker. Then we see the second film, specifically the film team shooting in Koker (fig. 8) in which the actor as director no longer turns to the public self-reflectively as at the beginning. The third film is the one that the director makes. And finally there is a fourth film, which encompasses the first three.[13] These four films have a complex relationship to non-cinematic reality inasmuch as the topic is the aesthetic treatment of the real earthquake that was already the topic of earlier films by Kiarostami. Thus, Hossein's wooing of Tahereh, whom he definitely wants to marry, is addressed in a documentary manner (film 2) as well as fictionally (film 3) and justified with reference to the non-cinematic circumstances. Especially the interlocking of reality within the film and reality outside of the film remains precarious, and can at best be described as a transformation or turnaround. "There can only be a solution for the film in the situation that is at once both inside the film and indistinguishably—though different—outside the film; that is, on the threshold from which the film proceeded. The long final take is correspondingly ambiguous, showing Hossein walking through a vast plain at Tahereh's side, almost out of sight, then turning around, letting Tahereh go on, and running back quickly (figs. 9 and 10). We do not know whether his wooing was successful or not (even if the music suggests it); not even whether it was listened to. We also do not know who observed this scene (the director? and if so, which director?) and which camera shot it.... The relationship between image and world or between sign and world becomes ambiguous. Either the image represents the world—no image more than that of the film—and itself as part of the world; or rather, it is the world that—even if only with the film's help—views itself in the image. The aesthetic state mediates world and image with each other and each with itself. Whether the film observes itself in the world or the world itself in the film, in both cases it is a movement of transformation in which the one becomes the other, a movement that will ensure that afterwards something is different than it was beforehand."[14]

Everything that enters into film is film. But it does not therefore cease to involve what is outside the film. In Kiarostami's work, the point is very often this movement of transformation, which for its part eludes description since it dynamically links inside and outside with each other. In *Ten,* all ten episodes consist of the protagonist's dialogues with passengers in her car; in each case, one of the speakers speaks for almost the whole time from off-camera. The over-accentuation of the off-camera refers at the same time to the location of the viewer and of the camera. The dialogue is not only spoken from off-camera, the invisible is not only the hors-champ, the off-screen, but also hors-cadre, outside the frame, the point in reality from which the shooting is done. By way of this constant speaking to the outside of the image, the speaking and thus the entire film is forced as it were to its own periphery and the (real?) world behind it is brought into focus, even though it hardly becomes visible. In one of the most impressive dialogues, the protagonist speaks with a prostitute whom she has obviously given a lift. The passenger remains hors-champ, off-screen, during the entire trip. After she has gotten out of the car, however, she is shown as a shadow scurrying away, disappearing in the night of Tehran. This suggests that she is not an actor, but rather a 'real' prostitute, and the film transmutes to a documentary, nonetheless leaving the boundary to fiction unclear, as in *Through the Olive Trees*. In Kiarostami's work, the cinematic movement leads into the cinema and into the world at the same time—Nancy's wall opening—but does not make them coincide; rather on the contrary, the overlap between the image of reality and the reality of the image is multiplied.

This is radically prefigured and played in the early masterpiece *Close-Up*. Sabzian, who is unemployed, pretends to the Ahankhah family to be the famous filmmaker Makhmalbaf and promises them to shoot a film in their house. The fraud is exposed and Sabzian is brought to court. This case comes to Kiarostami's attention, who reads about it in the newspaper miscellanies and reconstructs the situation by having the participants act out parts of it. Kiarostami reconstructs the journalist's research, Sabzian's arrest, and above all the trial, and films them with a documentary camera. Finally, after his stay in prison, Sabzian is picked up by the real Makhmalbaf, who he had pretended to be, and taken on a motorcycle to the Ahankhah family, whom he had deceived and to whom he now presents a bouquet as a token of apology. Like many of Kiarostami's films, *Close-Up* has a relationship to an event outside of the film. It is reconstructed, but not in a journalistic and seemingly objective sense, but rather as reconstruction and supplementation. As distinct from *Through the Olive Trees,* in *Close-Up* the case is really brought to a certain conclusion, indeed by the film itself, which could have been made by Sabzian, who in a certain sense had the idea for Kiarostami's film. But Makhmalbaf, too, provides for the conclusion of the story with his intervention. Sabzian, Makhmalbaf, Kiarostami, three directors, one film.

Moreover, Kiarostami's film frees Sabzian from the reproach of being a simple deceiver by portraying the fiction into which Sabzian had entered by virtue of his deception as a cinematically legitimate procedure. Deception becomes fiction. The documentation does not unmask the fiction as if it were something reprehensible, but rather supplements and completes it. Youssef Ishaghpour calls to mind a distinction made in Aristotle's theory of mimesis to describe Kiarostami's aesthetic procedure. Aristotle made a distinction between history and poetry. Whereas the first describes what was, the second raises the question as to what could have been. Art thus lends the things the plenitude of being that is denied them in reality. With respect to *Close-Up,* this means: "For Kiarostami, the ideal—if there is one—would be the completion of reality thanks to artistic creation in the singularity of the reproductive image. By means of its intervention in reality, film makes the hidden side of reality manifest, not by conveying it into a fictive universe, but rather by taking a path via fiction to grant reality a fullness that it would not have achieved of itself."[15]

However, Kiarostami always reconstitutes reality solely with the resources of the film itself. What can be restored to reality can only come from the film. Thus, the film is at the beginning and the end. It opens the view of the world, something that is displayed to excess at the beginning of *Life and Nothing More*. But it also "completes" complex reality by interlocking the documentary character with the fictional as in *Close-Up,* or, as in *Through the Olive Trees,* by addressing as a topic the shoot itself in which the cinematic and the non-cinematic condition each other in various cycles.

In one of his last works up to now, *Certified Copy* (2010), this attitude is programmatically brought to a head when the protagonist, who has written a book about the relationship between original and copy, claims that he prefers a better copy to a poor original. Though this discussion primarily addresses classical art, it can be regarded as an approach to an agenda for the technically reproduced cinematic image. Film is always a copy, but it reconstructs those events that only find their way into reality by means of cinematic operations. Information always comes after the fact, as is made clear with the journalist in *Close-Up,* who documents this delay all the more forcefully with his wish to be present at Sabzian's arrest. The cinematic image is completely different according to Nancy: "Images then define a world where the given must be given again: it must be received and recreated to be what it is."[16] The evident expresses itself in the film precisely because it reckons with the cropping, the invisible, and absence, but also with the possible. "But to give again the real in order to *realize* it is genuinely to *look* at it."[17] That is the point to which cinema must continually return.

Translated by Donald Goodwin.

1 Vilém Flusser, *Gesten: Versuch einer Phänomenologie* (Frankfurt/Main, 1994), pp. 119ff.
2 Gilles Deleuze, *Das Bewegungs-Bild: Kino 1,* trans. from the French into German by Ulrich Christians and Ulrike Bokelmann (Frankfurt/Main, 1991), p. 17. English: *Cinema 1: The Movement-Image,* trans. Hugh Tomlinson (Minneapolis, 1986), p. 24.
3 Michel Chion, *Le son* (Paris, 2004), p. 223.
4 Pascal Bonitzer, *Décadrages: Peinture et cinéma* (Paris 1985).
5 According to Bazin, neorealism "looks on reality as a whole, not incomprehensible, certainly, but inseparably one"; André Bazin, *What Is Cinema?,* trans. Hugh Gray, vol. 2 (Berkeley and Los Angeles, California, 1972), p. 97.
6 Hans-Ulrich Gumbrecht, *Diesseits der Hermeneutik: Die Produktion von Präsenz* (Frankfurt/Main, 2004). English: *The Production of Presence: What Meaning Cannot Convey* (Stanford CA, 2004).
7 Jean-Luc Nancy, *L'Évidence du film/The Evidence of Film: Abbas Kiarostami* (Brussels, 2001), p. 12.
8 Ibid., p. 18.
9 Oliver Fahle, "Der Film der Zweiten Moderne oder Filmtheorie nach Deleuze," in: Friedrich Balke and Marc Rölli (eds.), *Philosophie und Nicht-Philosophie: Gilles Deleuze – Aktuelle Diskussionen* (Bielefeld, 2011), pp. 120ff.
10 Nancy 2001 (see note 7), pp. 44–6.
11 Lorenz Engell, *Bilder der Endlichkeit* (Serie moderner Film, 5), (Weimar, 2005), p. 118.
12 Jean-Louis Comolli, *Voir et pouvoir. L'innocence perdue: cinéma, télévision, fiction, documentaire* (Paris, 2004).
13 Engell 2005 (see note 11).
14 Ibid., p. 140.
15 "Pour Kiarostami, l'idéal s'il y en a, ce serait l'accomplissement de la réalité, grâce à la création artistique, dans la singularité même de l'image de reproduction. En y intervenant pour permettre à sa part cachée de devenir manifeste, le cinéma ne transpose pas la réalité dans un univers fictif, mais en se servant, au passage, de la fiction, il restitue à la réalité une plénitude que, sans cela, elle n'aurait pas atteinte par elle-même," Youssef Ishaghpour, *Kiarostami: Le réel, face et pile* (Belval, 2007), p. 29.
16 Nancy 2001 (see note 7), p. 34.
17 Ibid.

Anhang | Appendix

Verzeichnis ausgestellter Werke | Works in the Exhibition

Die Fotografien der Werkgruppe *Snow White* entstanden im Zeitraum 1978–2004.
Digitaldruck auf Papier, je 60 x 90 cm, Auflage: 5
The photographs from the *Snow White* series were taken between 1978 and 2004.
Digital print on paper, each 23 x 35 in., edition of 5

Die Fotografien der Werkgruppe *Rain and Wind* entstanden 2006/07.
Digitaldruck auf Papier, je 47 x 70 cm, Auflage: 5
The photographs from the *Rain and Wind* series were taken in 2006/07.
Digital print on paper, each 18 ½ x 27 ½ in., edition of 5

Five. 5 Long Takes Dedicated to Yasujiro Ozu, 2003
Iran – Japan – Frankreich, Digital-Video, Farbe, 74 Minuten
Iran – Japan – France, digital video, color, 74 minutes

Roads of Kiarostami, 2005
Südkorea – Iran, Digital-Video, Schwarzweiß und Farbe, 32 Minuten
South Korea – Iran, digital video, black-and-white and color, 32 minutes

A Summer Afternoon, 2006
Video-Installation, 10 Minuten (Loop)
Video installation, 10 minutes (loop)

Sea Gulls' Eggs, 2007
Digital-Video, Farbe, 17 Minuten
Digital video, color, 17 minutes

Abbas Kiarostami
Kurzbiografie | Biographical Note

Geboren 1940 in Teheran. Studium an der Fakultät für Bildende Kunst an der Universität von Teheran, im Anschluss Tätigkeit als Grafiker, Buchillustrator und Werbefilmer. 1969 Mitbegründer der Filmabteilung am Institut für die intellektuelle Entwicklung von Kindern und Jugendlichen (Kanun) in Teheran. Seit 1970 Regisseur zahlreicher Filme, für die er weltweit bedeutende Auszeichnungen und Preise erhielt, darunter den Roberto-Rossellini-Preis der Filmfestspiele in Cannes (1992), die Goldene Palme der Filmfestspiele in Cannes für *Der Geschmack der Kirsche* (1997), die Frederico-Fellini-Medaille in Gold der UNESCO (1997), den Konrad-Wolf-Preis der Akademie der Künste Berlin (2003) und den Praemium Imperiale (2004).

Abbas Kiarostami ist Drehbuchautor, Filmregisseur, Lyriker und Fotograf. Er lebt in Teheran.

Born in Tehran in 1940. Studied at the College of Fine Arts of the University of Tehran, then worked as a graphic designer, book illustrator, and advertising filmmaker. In 1969 co-founder of the cinema division of the Institute for the Intellectual Development of Children & Young Adults (Kanoon) in Tehran. Since 1970 director of numerous films for which he has received important awards and prizes all over the world, among them the Roberto Rossellini Prize of the Cannes Film Festival (1992), the Golden Palm of the Cannes Film Festival for *Taste of Cherry* (1997), the UNESCO's Frederico Fellini Medal in gold (1997), the Konrad Wolf Prize of the Academy of the Arts, Berlin (2003), and the Praemium Imperiale (2004).

Abbas Kiarostami is a screenwriter, film director, poet, and photographer. He lives in Tehran.

Ausgewählte Ausstellungen | Selected Exhibitions

Einzelausstellungen | Solo Exhibitions

1995 Pinacoteca Casa Rusca, Locarno
1996 Reale Albergo dei Poveri, Palermo
2000 Cinema of Montauban, Montauban
Centre Culturel J.-P. Fabrègue, Saint-Yreiex-la Perche
Fondazione Bevilacqua la Masa, Venedig/Venice

2001 Teatro Caldéron, Valladolid

2003 Museo Nazionale del Cinema, Turin

2004 Museum of Contemporary Art, Teheran/Tehran
Musée des Beaux-Arts, Nantes
Macedonian Museum of Contemporary Art, Thessaloniki
Armando Alvares Penteado Foundation, São Paulo
Castel dell'Ovo, Neapel/Naples
Sociedade Nacional de Belas Artes, Lissabon/Lisbon
Hakone Museum of Art, Hakone

2005 Victoria & Albert Museum, London
Palazzo d'Accursio, Sala d'Ercole, Bologna
Kumho Museum of Art, Seoul
Museum of Contemporary Art, Belgrad/Belgrade

2006 Akbank Sanat, Istanbul
Guangdong Museum of Art, Guangzhou
Shanghai Art Museum, Shanghai
Stenersenmuseet, Oslo
Museo de Arte Latinoamericano de Buenos Aires, Buenos Aires

2007 The Museum of Modern Art, P.S.1 Contemporary Art Center, New York
University of California, Berkeley Art Museum and Pacific Film Archive, Berkeley
Los Angeles County Museum of Art, Los Angeles

2008 Santa Maria della Scala, Siena
Musée des Tapisseries, Aix-en-Provence
Southeast Museum of Photography, Daytona Beach, Florida
Beijing Art Museum of the Imperial City, Peking/Beijing

2012 Situation Kunst (für Max Imdahl), Kunstsammlungen der Ruhr-Universität Bochum

2013 Museum Wiesbaden
Kunstsammlungen Chemnitz

Gruppenausstellungen | Group Exhibitions

2001 *Regards persans,* Espace Electra, Paris
Suchbilder, Kunst-Werke/KW Institute for Contemporary Art, Berlin
Plateau der Menschheit, 49. Biennale von Venedig/*Plateau of Humankind,* 49th Biennial of Venice

2002 *Der neue iranische Film/New Iranian Cinema,* ifa Institut für Auslandsbeziehungen, Stuttgart und/and Bonn

2004 *Iranian Gardens,* Museum of Contemporary Art, Teheran/Tehran
The Shining Sun. Japanese Contemporary Art, Museum of Contemporary Art, Teheran/Tehran
Entfernte Nähe. Neue Positionen iranischer Künstler, Haus der Kulturen der Welt, Berlin
Photobiennale/Photo Biennial, House of Photography, Moskau/Moscow

2006 *Erice – Kiarostami. Correspondences,* Centre de Cultura Contemporània de Barcelona und/and La Casa Encendida, Madrid

2007 *Erice – Kiarostami. Correspondances,* Centre Georges Pompidou, Paris

2008 *Zeitraumzeit,* k/haus Künstlerhaus, Wien/Vienna

2010–2013 *Weltsichten. Landschaft in der Kunst seit dem 17. Jahrhundert,* Wanderausstellung/travelling exhibition: Situation Kunst (für Max Imdahl), Kunstsammlungen der Ruhr-Universität Bochum; Kunsthalle zu Kiel; Museum Wiesbaden; Kunstsammlungen Chemnitz; Museum im Dieselkraftwerk Cottbus; Bonnefantenmuseum Maastricht

2011–2012 *Erre. Variations labyrinthiques,* Centre Pompidou, Metz

Auswahl-Bibliografie | Selected Bibliography

Bücher von Abbas Kiarostami | Books by Abbas Kiarostami

Abbas Kiarostami, *Photographies, Photographs, Fotografie,* Vanves 1999.
Abbas Kiarostami, *Photo Collection,* Teheran/Tehran 2000.
Walking with the Wind. Poems by Abbas Kiarostami, Übers./trans. Ahmad Karimi-Hakkak und/and Michael Beard, Cambridge, Massachusetts; London, England 2001.
Abbas Kiarostami, *In Begleitung des Windes. Gedichte,* Übers./trans. Shirin Kumm und/and Hans-Ulrich Müller-Schwefe, Nachwort von/epilogue by Peter Handke, Frankfurt/Main 2004.
Abbas Kiarostami, *Snow White. Photo Collection 1978–2004,* Teheran/Tehran 2004.
Abbas Kiarostami, *Pluie et vent,* Vorwort von/preface by Christian Boltanski, Paris 2008.
Abbas Kiarostami, *Trees and Crows,* Teheran/Tehran 2010.
Abbas Kiarostami, *Havres,* Übers./trans. Taybeh Hashemi und/and Jean-Restom Nasser, Toulouse 2010.
Abbas Kiarostami, *The Wall,* Vorwort von/preface by Youssef Ishaghpour, Teheran/Tehran 2011.

Monografien und Kataloge zu Einzelausstellungen | Monographs and Solo Exhibition Catalogues

Abbas Kiarostami, Ausst.-Kat./exh. cat. Museo Nazionale del Cinema, Turin, Mailand/Milan 2003.
Abbas Kiarostami. Karveyol. Snowscapes and Roadscapes, Ausst.-Kat./exh. cat. Akbank Sanat, Istanbul 2006.
Abbas Kiarostami. Textes, entretiens, filmographie complète (Petite bibliothèque des Cahiers du cinéma), 1997, 2. Aufl./2nd ed. Paris 2008.
Geoff Andrew, *10 (BFI Modern Classics),* London 2005.
Abbas Baharlu, *Abbas Kiarostami,* Teheran/Tehran 2000.
Alain Bergala, *Abbas Kiarostami (Cahiers du cinéma/les petits Cahiers),* Paris 2004.
Alberto Elena, *The Cinema of Abbas Kiarostami,* Übers./trans. Belinda Coombes, (Madrid 2002) London 2005.
Youssef Ishaghpour, *Kiarostami. Le réel, face et pile,* Belval 2007.
Jean-Luc Nancy, *Evidenz des Films. Abbas Kiarostami* (L'Evidence du film/The Evidence of Film, Brüssel/Brussels 2001), Übers./trans. Rike Felka, Berlin 2005.
Philippe Ragel (Hrsg./ed.), *Abbas Kiarostami. Le cinéma à l'épreuve du réel,* Lüttich/Liège 2008.
Frédéric Sabouraud, *Abbas Kiarostami. Le cinéma revisité,* Rennes 2010.
Mehrnaz Saeed-Vafa und/and Jonathan Rosenbaum, *Abbas Kiarostami,* Chicago, Illinois 2003.
Sussan Shams, *Le cinéma d'Abbas Kiarostami. Un voyage vers l'Orient mystique,* Paris 2011.
Abolfazl Tavassolie, *Eine Trilogie zum Monismus. Die Interaktion zwischen persischer Literatur und Kino im Werk des Abbas Kiarostami,* Diss./Ph.D. diss. Mainz 2008, Berlin 2009.

Kataloge zu thematischen Ausstellungen | Group Exhibition Catalogues

Alain Bergala und/and Jordi Balló (Hrsg./eds.), *Erice – Kiarostami. Correspondences,* Ausst.-Kat./exh. cat. Centre de Cultura Contemporània de Barcelona und/and La Casa Encendida Madrid, Barcelona 2006.

Zeitraumzeit, Ausst.-Kat./exh. cat. k/haus Künstlerhaus Wien 2008, S./pp. 126–127.

Gespräche | Interviews

Bert Cardullo, »The Accidental *Auteur:* A Dialogue with Abbas Kiarostami«, in: Bert Cardullo, *Out of Asia: The Films of Akira Kurosawa, Satyajit Ray, Abbas Kiarostami, and Zhang Yimou. Essays and Interviews,* Cambridge 2008, S./pp. 91–110.

Michel Ciment, »Trente questions à Abbas Kiarostami sur ses photographies/Thirty questions for Abbas Kiarostami regarding his photographs/Trenta domande a Abbas Kiarostami suelle sue fotografie«, in: *Abbas Kiarostami. Photographies, Photographs, Fotografie,* Vanves 1999, S./pp. 5–27.

Stéphane Goudet, »Entretien avec Abbas Kiarostami. Manipulations«, in: *Positif,* 442, Dezember/December 1997, S./pp. 94–100.

Youssef Ishaghpour, »La photographie, le cinéma et le paysage. Dialogue«, in: *Positif,* 491, Januar/January 2002, S./pp. 64–69.

Nassia Hamid, »Near and far. Interview«, in: *Sight and Sound,* 7, 2, Februar/February 1997, S./pp. 17–19.

Omid Rohani, »Abbas Kiarostami. My Concern Is the Truth«, in: *Film International,* 1,2, Frühjahr/Spring 1993, S./pp. 54–60.

Jonathan Rosenbaum und/and Mehrnaz Saeed-Vafa, »Open Spaces in Iran. A Conversation with Abbas Kiarostami«, in: Jonathan Rosenbaum und/and Adrian Martin (Hrsg./eds.), *Movie Mutations. The Changing Face of World Cinephilia,* London 2003, S./pp. 35–43.

Aufsätze in Zeitschriften, Anthologien und allgemeiner Literatur
Articles in Periodical Literature, Anthologies, and General Literature

Elizabeth Boyer, »La répétition. Miracle plutôt que loi (La Trilogie d'Abbas Kiarostami)«, *L'Art du cinéma,* 15, Mai/May 1997, S./pp. 3–17.

Bert Cardullo, »Blood and Cherries, Wind and Dust: Abbas Kiarostami and the Iranian Cinema«, in: Bert Cardullo, *Out of Asia: The Films of Akira Kurosawa, Satyajit Ray, Abbas Kiarostami, and Zhang Yimou. Essays and Interviews,* Cambridge 2008, S./pp. 71–89.

Hamid Dabashi, »The Making of an Iranian Filmmaker: Abbas Kiarostami«, in: Hamid Dabashi, *Close-Up. Iranian Cinema, Past, Present, and Future,* London und/and New York 2001, S./pp. 33–75.

Lorenz Engell, »Am Ende Film: Quer durch den Olivenhain«, in: Lorenz Engell, *Bilder der Endlichkeit (Serie moderner Film, 5),* Weimar 2005, S./pp. 115–142.

Ils Huygens, »Kiarostami's *Ten*. Mobilizing the Viewer's Look«, in: Eva Meyer und/and Vivian Liska (Hrsg./eds.), *What does the Veil know?,* Wien/Vienna, New York 2009, S./pp. 66–72.

Laura Mulvey, »Kiarostami's Uncertainty Principle«, in: *Sight and Sound,* 8, 6, Juni / June 1998, S. / pp. 24–27.
Devin Orgeron, »New Directions and Intersections. The Road Reworked and the Case of Abbas Kiarostami«, in: Devin Orgeron, *Road Movies. From Muybridge and Méliès to Lynch and Kiarostami,* New York 2008, S. / pp. 183–199.
Jacques Rancière, »Und das Kino geht weiter (Kitano, Kiarostami)«, in: Jacques Rancière, *Und das Kino geht weiter. Schriften zum Film,* Berlin 2012, Sulgi Lie und Julian Radlmaier, Übers. / trans. Julian Radlmaier, S. / pp. 73–81.
Wolfram Schütte, »Kino der Poesie. Laudatio auf Abbas Kiarostami«, in: *Sinn und Form,* 56, 2, März – April / March – April 2004, S. / pp. 271–276.
Wolfram Schütte, »Diskrete Botschaften eines zärtlichen Liebhabers der Welt. Die Haikus des iranischen Filmregisseurs Abbas Kiarostami«, in: *Akzente. Zeitschrift für Literatur,* 57, 2, April 2010, S. / pp. 116–118.
Charlotte Sjöholm, »Abstraction as a Way of Survival. Abbas Kiarostami's Narrative Strategies«, in: *Film International,* 8, 2, 2004, S. / pp. 40–45.
Casey Williamson, »Art Matters. The Films of Abbas Kiarostami«, in: Rose Issa und / and Sheila Whitaker (Hrsg. / eds.), *Life and Art. The New Iranian Cinema,* London 1999, S. / pp. 90–114.

Text- und Abbildungsnachweis | Text and Image Credits

Textnachweis | Text credits

Text Abbas Kiarostami, S. 12–14/pp. 15–17
Auszüge aus einem Interview, erstmals publiziert in/Extracts from an interview, first published in:
Abbas Kiarostami, *Photo Collection,* Teheran/Tehran 2000 (no pagination).

Gedichte S. 19 und 45 | Poems pp. 19 and 45
Zitiert nach Abbas Kiarostami, *In Begleitung des Windes. Gedichte,* aus dem Persischen von Shirin Kumm und Hans-Ulrich Müller-Schwefe, Frankfurt/Main 2004, S. 61 und 88.
Quoted from *Walking with the Wind. Poems by Abbas Kiarostami,* translated from the Persian by Ahmad Karimi-Hakkak and Michael Beard, Cambridge, Massachusetts, and London, England, 2001, pp. 71 and 98.

Abbildungsnachweis | Image credits

© Abbas Kiarostami für die Abbildungen seiner Werke/for the images of his works
© Abbas Kiarostami und/and MK2 für Filmstills aus *Quer durch den Olivenhain, Der Geschmack der Kirsche, Der Wind wird uns tragen* und *Five*/for still photographs from *Through the Olive Trees, Taste of Cherry, The Wind Will Carry Us,* and *Five*
© Abbas Kiarostami und/and Nazar Publisher, Teheran/Tehran für Filmstills aus/for still photographs from *Roads of Kiarostami* und/and *Sea Gulls' Eggs*
© Matthew Septimus 2007 courtesy of MoMA PS1 (S./p. 125)
MK2, Paris (S./pp. 118, 119)
Philippe Ragel, Toulouse (S./pp. 101–103, 120, 121, 130, 133–136, 139, 145, 146)

Dank | Acknowledgements

Die Herausgeber danken folgenden Personen und Institutionen für ihre Unterstützung des Ausstellungsprojekts und der vorliegenden Publikation/The editors would like to thank the following individuals and institutions for their invaluable assistance in putting together this exhibition and catalogue:
Abbas Kiarostami
für die Ausleihe von/for the loan of *Roads of Kiarostami, A Summer Afternoon, Sea Gulls' Eggs*
MK2, Paris (Natacha Catherine, Juliette Schrameck)
für die Ausleihe von/for the loan of *Five*
Philippe Ragel, Université de Toulouse II – Le Mirail
für die Bereitstellung von zahlreichen Filmstills/for providing numerous still photographs

Diese Publikation erscheint anlässlich der Ausstellung
This book is published in conjunction with the exhibition

Abbas Kiarostami

Stille und bewegte Bilder

Images, Still and Moving

Situation Kunst (für Max Imdahl)
Kunstsammlungen der Ruhr-Universität Bochum
Schlossstr. 13
44795 Bochum
www.situation-kunst.de

6. Oktober 2012 – 20. Januar 2013
October 6, 2012 – January 20, 2013

Museum Wiesbaden
Friedrich-Ebert-Allee 2
65185 Wiesbaden
www.museum-wiesbaden.de

12. April – 30. Juni 2013
April 12 – June 30, 2013

Kunstsammlungen Chemnitz
Theaterplatz 1
09111 Chemnitz
www.kunstsammlungen-chemnitz.de

14. Juli – 29. September 2013
July 14 – September 29, 2013

Die Bochumer Station der Ausstellungsreihe wird gefördert durch die Sparkasse Bochum.
The exhibition in Bochum is supported by Sparkasse Bochum.

Herausgeber | Editors:
Silke von Berswordt-Wallrabe, Alexander Klar, Ingrid Mössinger

Redaktion | Managing editor:
Silke von Berswordt-Wallrabe

Übersetzungen | Translations:
Isabel Feder (Text Silke von Berswordt), Donald Goodwin (Grußwort/Preface, Vorwort/Foreword, Text Oliver Fahle)

Grafische Gestaltung und Satz | Graphic design and typesetting: Saskia Helena Kruse, Potsdam

Schrift | Typeface: DIN

Digitale Bildbearbeitung | Digital imaging:
Carmen Oehlbach

Gesamtherstellung | Production:
NINO Druck GmbH, Neustadt

Papier | Paper: LuxoArt Samt New, 170 g/m²

Erschienen im | Published by
Hatje Cantz Verlag
Zeppelinstr. 32
73760 Ostfildern
Deutschland/Germany
Tel. +49 711 4405-200
Fax +49 711 4405-220
www.hatjecantz.com

Informationen zu dieser oder zu anderen Ausstellungen finden Sie unter www.kq-daily.de/
You can find information on this exhibition and many others at www.kq-daily.de

Hatje Cantz books are available internationally at selected bookstores. For more information about our distribution partners, please visit our website at www.hatjecantz.com.

ISBN 978-3-7757-3436-3

Printed in Germany

Umschlagabbildung | Cover illustration:
Abbas Kiarostami, Untitled
(aus der Serie/from the series *Snow White*, 1978–2004)
Umschlagrückseite, Frontispiz | Back cover, frontispiece:
Abbas Kiarostami, Untitled
(aus der Serie/from the series *Rain and Wind*, 2006/07)